化学工业出版社"十四五"普通高等教育规划教材

高等学校食品科学与工程类专业教材

食品工程原理实验

Experiments on the Principles of Food Engineering

朱 勇 ◎主编

化学工业出版社

·北京·

内容简介

本教材是食品类专业核心课程《食品工程原理》的配套实验教材，基于工程教育专业认证理念，紧扣新工科建设需求，构建了“理论验证—综合设计—创新实践”三位一体的教学体系。全书以培养学生工程实践能力和解决复杂工程问题的核心素养为目标，通过模块化设计将食品工程原理中的单元操作转化为实验项目。本书分为5章，首先介绍了食品工程原理实验室安全规则、食品工程原理实验的研究方法与设计、数据采集与处理、参数测量方法及常规仪表的使用，之后编排了流体流动综合实验、传热传质综合实验和颗粒分离综合实验。

本书适用于食品科学与工程、食品质量与安全等相关专业本科生教学，也可作为食品工程技术人员培训参考用书。

图书在版编目（CIP）数据

食品工程原理实验 / 朱勇主编. -- 北京 : 化学工业出版社, 2025. 8. --（化学工业出版社“十四五”普通高等教育规划教材）（高等学校食品科学与工程类专业教材）. -- ISBN 978-7-122-49017-9

Ⅰ. TS201. 1

中国国家版本馆 CIP 数据核字第 2025M5V722 号

责任编辑：毕仕林　刘　军　　　装帧设计：王晓宇
责任校对：李　爽

出版发行：化学工业出版社
(北京市东城区青年湖南街 13 号　邮政编码 100011)
印　　装：涿州市般润文化传播有限公司
787mm×1092mm　1/16　印张 9　字数 212 千字
2025 年 12 月北京第 1 版第 1 次印刷

购书咨询：010-64518888　　售后服务：010-64518899
网　　址：http://www.cip.com.cn
凡购买本书，如有缺损质量问题，本社销售中心负责调换。

定　　价：39.80 元

前言
PREFACE

随着我国食品工业的快速发展和高等教育改革的深入推进，食品科学与工程专业正面临着从传统学科向新工科转型的重要机遇。《食品工程原理》是食品类专业的核心基础课程，它不仅衔接数学、物理等基础理论知识与食品加工实践，更是培养学生工程思维、解决复杂食品工程问题的关键桥梁。为适应新时代工程人才培养需求，支撑专业内涵式发展，我组织编写了《食品工程原理实验》。

本书将食品工程原理中的单元操作转化为实验项目，将工程思维培养贯穿于每个实验模块，实现食品工程原理理论教学与实验实践的深度融合。全书共分5章，包括食品工程原理实验室安全规则、食品工程原理实验的研究方法与设计、数据采集与处理、参数测量方法及常规仪表的使用、综合实验项目。为了响应工程教育专业认证和新工科建设要求，本书增加了 Origin 和 MATLAB 软件在数据处理中应用方面的内容。

本书由贵州大学酿酒与食品工程学院朱勇副教授担任主编，由朱勇设计了全书的章节结构、内容体系，完成了全书的统稿与审定。编写中，得到了教育部高等学校食品科学与工程类专业教学指导委员会委员秦礼康教授的指导；暨南大学陈永生副研究员、贵州大学酿酒与食品工程学院曾雪峰教授为本书编写提供了宝贵意见；贵州大学在读研究生何重云、王千瑞、查文鑫、陈世卯，中南林业科技大学在读研究生陈月为本书文稿整理、图表制作、格式修改等内容做了大量工作，在此一并致谢。本书出版得到了贵州大学食品科学与工程国家级一流本科专业建设项目的资助。

由于编写时间和水平所限，书中难免存在疏漏之处，恳请广大师生和业界专家批评指正。

主　编

2025 年 1 月

目录
CONTENTS

1 绪论

食品工程原理是建立在实验基础上的学科，它不仅有自身的理论体系，也有一些独特的实验研究方法，目前对食品生产中众多因素之间的关系未完全弄清楚，所以食品工程原理课程中处理问题的方法与结论大多是根据实验结果整理归纳获得的。为了更好地反映生产实际，食品工程原理实验是在接近中试装置的规模上进行的，比其他课程实验更接近生产实际，但又不同于实际生产，要求有更完善的测试条件以便于对变量之间的关系进行测试、探索和对过程进行观察分析。教学过程中要注重引导学生利用食品工程技术与设备、实验方法、现代测控技术等，设计、操作典型单元操作实验，从而全面提高学生的动手能力、创新能力和工程意识。

1.1 食品工程原理实验教学目的与基本要求

1.1.1 教学目的

① 食品工程理论与实践相结合的过程中，验证食品单元操作的基本理论，强化学生对食品工程原理理论知识的理解和掌握。

② 熟悉食品工程过程及其设备的原理、结构和性能，掌握基本流程、操作方法；具备正确选择设备和设计流程的能力；正确选择和使用工程测试仪表的能力；培养学生分析和解决复杂工程问题的能力。

③ 培养学生对实验数据进行整理、分析和总结，能够运用计算机软件处理实验数据，利用图表、简明文字撰写实验报告。

④ 培养学生具有设计实验、独立思考和工程创新的能力。

⑤ 培养学生实事求是的科学态度、严肃认真的工作态度和团结协作的工作作风。

1.1.2 基本要求

1.1.2.1 对学生的基本要求

① 实验前，必须到现场结合实验装置进行预习，列出报告所需要的原始数据表，通过老师提问检查后，方可参加实验。

② 实验过程中要听从老师、工作人员的指导，严格遵守实验设备、仪器的操作规程。

③ 实验完毕后，数据经指导老师检查合格后，才可结束实验，数据若有短缺或不合理应该补全或重做。

④ 实验结束后，应将仪器设备整理复原，检查水源、电源、气源等是否关闭，并将场地打扫干净。

⑤ 使用计算机采集或整理实验数据时，要爱护计算机，如计算机出现问题要及时报告给老师。

⑥ 独立完成实验报告，报告中除了实验数据、计算结果和需要标绘的曲线外，还必须有计算举例。每个同学按实验序号取值举例，列出全部数学运算过程，并对结果做必要的分析、讨论。

1.1.2.2 实验课应注意的几个问题

为了达到教学目的，食品工程原理实验需注意以下几个方面的问题。

（1）课前预习

食品工程原理实验工程性较强，许多问题需事先考虑、分析，并做好必要的准备，课前预习要求如下。

① 认真阅读实验教材，明确实验目的、内容及注意事项。

② 根据实验内容，研究实验操作及其理论基础，分析检测指标，并估计实验数据的变化规律。

③ 结合实验教材在现场查看工艺流程，主要设备的构造、仪表种类、安装位置，了解设备启动和使用方法。

④ 拟定实验方案，掌握操作顺序及操作条件、操作条件调整、实验数据布点。

⑤ 撰写预习报告，包括实验目的、实验原理、装置流程示意图、实验步骤和注意事项等，并列出观察项目清单，绘制便于记录原始数据的表格。

（2）实验操作与数据记录

实验操作是实验教学的核心环节，只有通过操作才能了解和领会单元操作设备及流程，了解如何实现过程的优化，分析各种非正常现象产生的原因并研究可能采取的措施。实际上，实验操作与基本原理息息相关。例如流体流动阻力实验中，工作介质为水，实验前务必对系统（实验管道和测压管）进行排气操作，排气的原因、方法及检验都是伯努利方程的生动应用。

实验数据的记录不仅是写报告和出版作品的原始资料，而且是可供查阅的永久记录。把实验中的每个事项（数据、过程计算、情况说明、实验现象等）直接记录在编有页码的记录本内，是实验室研究工作的标准做法，实验数据记录具体要求如下。

① 密切注意仪表示数变动，随时调节，以保证过程稳定，在稳定状态下读取数据。

② 在完整的原始数据记录表中，记录各物理量的名称、符号、数值和计量单位，保证数据完整。

③ 影响实验结果或与实验相关的数据均应测取，包括大气压、室温、水温、设备有关尺寸、物料性质等。如水的黏度、密度等可通过测定水温获得；吸收实验中的平衡组成，可根据当地大气压、塔顶表压、塔顶塔底压降、吸收液温度及查算亨利系数，计算获得。

④ 实验现象稳定后开始读取数据；条件改变后，也要待稳定一定时间后读取数据，以排除因仪表滞后导致读数不准确。

⑤ 同一条件下应至少读取两次数据，只有两次读数相近时才能改变操作条件。

⑥ 每个数据记录后，应该复核，以免发生读错或写错数字等情况。

⑦ 数据记录必须真实反映仪表的精度，记录至仪表最小分度的下一位。

⑧ 如果数据不正常，应在备注栏中注明。小组成员应与教师一起讨论，研究异常现象发生的原因，并做出合理的分析与解释。

⑨ 实验过程中注意观察实验现象。

⑩ 实验完毕后，数据经指导老师检查合格后，才可结束实验，数据若有短缺或不合理应该补全或重做实验。

(3) 实验报告的书写要求

按照一定的格式和要求表达实验过程和结果的文字材料称为实验报告，它是实验工作的全面总结和系统概括，是实验工作不可缺少的一个环节。从现实的状况看，很大一部分学生的实验报告中，普遍存在的问题不容忽视。为此，本实验课对实验报告的书写进行强化训练，完整的实验报告一般应包括以下几方面的内容。

① 实验名称。实验报告的名称，又称标题，列在报告的最前面。实验名称应简洁、鲜明、准确。字数要尽量少，一目了然，能恰当反映实验的内容，如传热系数及其准数关联式常数的测定、离心泵的操作和性能测定。

② 实验目的。简明扼要地说明为什么要进行本实验，实验要解决什么问题。例如，填料吸收塔实验的实验目的：a. 了解填料吸收塔的构造并练习操作；b. 了解填料吸收塔的流体力学性能；c. 学习填料吸收塔传质能力和传质效率的测定方法。

③ 实验的理论依据（实验原理）。简要说明实验所依据的基本原理，包括实验涉及的主要概念，实验依据的重要定律、公式及据此推算的重要结果，要求准确、充分。

④ 实验装置流程示意图。简单地画出实验装置流程示意图，测试点的位置及主要设备、仪表的名称。标出设备、仪器仪表及调节阀等的标号，在流程图的下面写出图名及与标号相对应的设备、仪表的名称。

⑤ 实验操作方法和注意事项。根据实际操作程序，按时间的先后划分为几个步骤，并在前面加上序号 1，2，3……以便条理更为清晰。实验步骤的划分，一般多以改变某一组因素（参数）作为一个步骤。对于操作过程的说明应简单明了。对于容易引起危险、损坏仪器仪表或设备以及一些对实验结果影响比较大的操作，应在注意事项中注明，以引起注意。

⑥ 数据记录。实验数据是实验过程中从测量仪表所读取的数值，要根据仪表的精度决定实验数据的有效数字位数。读取数据的方法要正确，记录数据要准确。通常是将数据先记在原始数据记录表格里。数据较多时，此表格宜作为附录放在报告的后面。

⑦ 数据整理表或作图。数据整理是实验报告的重点内容之一，要求将实验数据整理、加工成图或表格的形式。数据整理时应根据有效数字的运算规则进行。一般将主要的中间计算值和最后计算结果列在数据整理表格中。表格要精心设计，使其易于显示数据的变化规律及各参数的相关性。为了更直观地表达变量间的相互关系，有时采用作图法，即用相对应的各组数据确定出若干坐标点，然后依点画出相关曲线。实验数据不经过重复实验不得修改数

据，更不得伪造数据。

⑧ 数据整理计算过程举例。数据整理计算是以某一组原始数据为例，把各项计算过程列出，以说明数据整理表中的结果是如何得到的。

⑨ 对实验结果的分析与讨论。实验结果的分析与讨论十分重要，是作者理论水平的具体体现，也是对实验方法和结果进行的综合分析研究。讨论范围应只限于与本实验有关的内容。讨论的内容包括以下几个方面。a. 从理论上对实验所得结果进行分析和解释，说明其必然性。b. 对实验中的异常现象进行分析讨论。c. 分析误差的大小和原因，讨论如何提高测量精度。d. 分析本实验结果在生产实践中的价值和意义。e. 由实验结果提出进一步的研究方向或对实验方法及装置提出改进建议等。有时将⑦⑨两项合并写为“结果与讨论”，其中有两个原因：一是讨论的内容少，无须另列一部分；二是实验的几项结果独立性大，内容多，需要逐项讨论，使条理更清楚。

⑩ 实验结论。结论是根据实验结果所做出的最后判断，得出的结论要从实际出发，有理论根据。

1.2 食品工程原理实验室安全规则

食品工程原理实验具有其自身的要求和特点，如所用药品部分是易燃、易爆、有毒、有腐蚀性的物质，必须格外小心，所操作仪器价格昂贵，若损坏将造成较大损失。因此，在进行实验时必须严格执行安全操作规程，加强安全措施，防止事故发生，防止仪器损坏。实验室安全技术和环境保护对开展科学实验有着重要意义，我们不但要掌握这方面的有关知识，而且应该在实验中加以重视，防患于未然。

1.2.1 实验室安全知识

1.2.1.1 实验室常用危险品的分类

实验室常有易燃、易爆、有毒、有腐蚀性物质，归纳起来主要有以下几类：

（1）可燃气体

遇火受热或与氧化剂相接触能引起燃烧或爆炸的气体称为可燃气体，如氢气、甲烷、乙烯、煤气、液化石油、一氧化碳等。

（2）可燃液体

容易燃烧而在常温下呈液态，具有挥发性，闪点低的物质称为可燃液体，如乙醚、丙酮、汽油、乙醇等。

（3）可燃性固体物质

遇火、受热、撞击、摩擦或与氧化剂接触能着火的固体称为可燃性固体物质，如五硫化磷、三硫化磷等。

（4）爆炸性物质

在热力学上很不稳定，受到轻微摩擦、撞击、高温等因素的激发而发生激烈的化学变化，在极短时间内放出大量气体和热量，同时伴有热和光等效应发生的物质称为爆炸性物质，如过氧化物、氮的卤化物、硝基或亚硝基化合物以及乙炔类化合物等。

(5) 自燃物质

在没有任何外界热源的作用下因自行发热和向外散热，热量积蓄升温到一定程度能自行燃烧的物质称为自燃物质，如磁带、胶片、油布、纸等。

(6) 遇水燃烧物质

当吸收空气中水分或接触了水时会发生激烈反应，并放出大量可燃气体和热量，达到自燃点而引发燃烧和爆炸的物质称为遇水燃烧物质，如活泼金属钾、钠、锂及其氢化物等。

(7) 混合危险性物质

两种或两种以上的物质，混合后发生燃烧和爆炸的称为混合危险性物质，如强氧化剂（重铬酸盐、氧、发烟硫酸等）、还原剂（苯胺、醇类、有机酸、油脂、醛类等）。

(8) 有毒物品

某些侵入人体后在一定条件下破坏人体正常生理机能的物质称有毒物质，分类如下：

① 息性毒物：氮气、氢气、一氧化碳等。

② 刺激性毒物：酸类蒸气、氯气等。

③ 麻醉性或神经毒物：芳香类化合物、醇类化合物、苯胺等。

④ 其他无机及有机毒物，指对人体作用不能归入上述 3 类的无机和有机毒物。

1.2.1.2 防燃、防爆的措施

(1) 有效控制易燃物及助燃物

食品类实验室防燃、防爆的根本是对易燃物和易爆物的用量，以及蒸气浓度进行有效控制。

① 控制易燃、易爆物用量。原则上是用多少领多少，不用的要存放在安全地方。

② 加强室内的通风。主要是控制易燃、易爆物质在空气中的浓度，不大于爆炸下限的 1/4。

③ 加强密闭。在使用和处理易燃、易爆物质（气体、液体、粉尘）时，加强容器、设备、管道的密闭性，防止泄漏。

④ 充惰性气体。在爆炸性混合物中充惰性气体可缩小爆炸范围，以消除爆炸，制止火焰蔓延。

(2) 消除火源

① 管理好明火及高温表面，在有易燃、易爆物质的场所，严禁明火（电热板、开式电炉、电烘箱、马弗炉、煤气灯等）及白炽灯照明。

② 严禁在实验室内吸烟。

③ 避免摩擦和冲击，因摩擦和冲击过程中可能过热甚至产生火花。

④ 严禁各类电气火花，包括高压电火花放电、弧光放电、电接点微弱火花等。

(3) 消防措施

消防的基本方法有 3 种：

① 隔离法：将火源处或周围的可燃物撤离或隔开，由于燃烧区缺少可燃物、燃烧停止。

② 冷却法：降低燃烧物的燃点温度是灭火的主要手段，常用冷却剂是水和二氧化碳。利用冷却剂将燃烧物的温度降低到燃点以下，迫使燃烧停止。

③ 窒息法：冲淡空气使燃烧因得不到足够的氧气而熄灭，如用黄沙、石棉毯、湿麻袋、二氧化碳、惰性气体等。但对爆炸性物质起火不能用覆盖法，若用了覆盖法会停止气体的扩

散反而增加了爆炸的破坏力。

(4) 有毒物质的基本预防措施

实验室中多数化学药品都具有毒性，毒物侵入人体主要有3个途径：皮肤、消化道、呼吸道。因此，只要依据毒物危害程度的大小，采取相应的预防措施就能防止其对人体产生危害。

① 使用有毒物时要戴上防毒面具、橡皮手套，必要时穿防毒衣装。

② 实验室内严禁吃东西，离开实验室应洗手，如面部或身体被污染必须进行清洗。

③ 实验装置尽可能密闭，防止冲、溢、跑、冒的事故发生。

1.2.2 实验室防火与用电知识

食品工程原理实验是一门实践性很强的技术基础实验课，而在实验过程中不可避免地要接触易燃、易爆、有腐蚀性和毒性等物质和化合物，同时还会在高压、高温、低温或真空条件下进行操作。此外，还要涉及用电和仪表操作等方面的问题，故要想有效地达到实验目的，就必须掌握安全知识。

1.2.2.1 防火安全知识

实验室内应配备一定数量的消防器材，实验操作人员要熟悉消防器材的存放位置与有关知识及使用方法。

① 易燃液体（指密度小于水），如汽油、苯、丙酮等着火，应用泡沫灭火器进行灭火，因泡沫密度比易燃液体小，比空气大，故可覆盖在液体上以隔绝空气。

② 金属钠、钾、钙、铁、铝、电石、过氧化钠等着火，可采用干沙灭火，此外还可用不燃性固体粉末灭火。

③ 电器设备或带电系统着火，可用四氯化碳灭火器灭火，但不能用水或二氧化碳、泡沫灭火器，因为后者导电，这样会造成扑火人触电事故。使用时要站在上风侧，以防四氯化碳中毒，室内灭火后应打开门窗通风。

④ 其他情况着火，可用水来灭火。

总之，一旦发生火情，不要慌乱，要冷静地判断情况，采取措施，迅速找来灭火器或用消防水龙头进行灭火，同时立即报警。

1.2.2.2 用电安全知识

① 实验前必须了解室内总电闸与分电闸的位置，便于发生用电事故时及时切断电源。

② 接触或操作电器设备时，手必须干燥。所有的电器设备在带电时不能用湿布擦拭，更不能有水落在其上，不能用试电笔去试高压电。

③ 电器设备维修时必须停电作业。例如接保险丝时，一定要拉下电闸后再进行操作。

④ 启动电动机。合闸前先用手转动一下电动机的轴，合上电闸后，立即查看电动机是否转动，若不转动，应立即拉闸，否则电动机很容易被烧毁。若电源开关是三相刀开关，合闸时一定要快速地猛合到底，否则会发生三相中一相实际上未接通。

⑤ 若用电设备是电热器，在通电前，一定要弄清楚进行电加热所需要的前提条件是否已经具备。例如，在精馏塔实验中，在接通塔釜电加热器之前，必须清楚塔底液位是否符合要求，塔顶冷凝器的冷凝水是否已经打开；干燥实验在接通空气预热器的电加热器前，必须

打开鼓风机，才能给预热器通电。另外，电热设备不能直接放在木制试验台上使用，必须用隔热材料垫，以防引起火灾。

⑥ 所有电器设备的金属外壳应接地线，并定期检查是否连接良好。

⑦ 导线的接头应紧密牢固，裸露的部分必须用绝缘胶包好，或者用塑料绝缘管套好。

1.2.3 高压气瓶安全使用

1.2.3.1 高压气体钢瓶使用概述

在食品实验中，高压气体是需要特别注意的东西。其大体可以分为两类：一类是具有刺激性气味的气体，如氨、二氧化硫等，这类气体的泄漏一般容易被发觉；另一类是无色无味，但有毒性且易燃、易爆的气体，如一氧化碳等，此类气体不仅易使人中毒，且在室温空气中易爆炸，其爆炸极限范围为12%～74%。

广义的气体钢瓶应包括不同压力、不同容积、不同结构形式和不同材料，用以储运永久气体、液化气体和溶解气体的一次性或可重复充气的移动式的压力容器。其中，高压气体钢瓶是一种储存各种压缩气体或液化气体的高压容器。其容积一般为40～60L；最高工作压力多为15MPa，最低为0.6MPa。通常瓶内压力很高，储存的气体可能有毒或易燃、易爆，故应掌握气瓶的构造特点和安全知识，以确保安全。

高压气体钢瓶主要由筒体和瓶阀构成，其他附件还有保护瓶阀的安全帽、开启瓶阀的手轮以及运输过程中减少震动的橡胶圈。在使用时，瓶阀口还要连接减压阀和压力表。

各类高压气体钢瓶的表面都应涂有一定颜色的油漆，其目的不仅是防锈，主要是能从颜色上迅速辨别高压气体钢瓶中所储存气体的种类，以免混淆。常用高压气体钢瓶的颜色及其标识见表1-1。

表1-1 常用高压气体钢瓶的颜色及其标识

名称	工作压力/MPa	钢瓶颜色	文字颜色	阀门出口螺纹
氧	15	浅蓝色	黑色	右旋
氢	15	暗绿色	红色	左旋
二氧化碳	12.5	黑色	黄色	右旋

1.2.3.2 高压气体钢瓶使用注意事项

① 当高压气体钢瓶受到明火或阳光等热辐射的作用时，瓶内气体因受热而膨胀，使瓶内压力增大。当压力超过工作压力时，就有可能发生爆炸。因此，高压气体钢瓶在运输、保存和使用时，应远离热源（明火、暖气、炉子等），并避免长期暴露在日光下，尤其在夏天更应注意。

② 高压气体钢瓶即使在常温下受到猛烈撞击，或不小心将其碰倒跌落，都有可能引起爆炸，所以在运输过程中要轻搬轻放，避免跌落撞击；使用时要固定好，防止碰倒，更不允许使用锥子、扳手等金属器械敲打高压气体钢瓶。

③ 当高压气体钢瓶安装好减压阀和连接管线后，每次使用前都要在瓶阀附近用肥皂水检查，确认不漏气才能使用。对于有毒或易燃、易爆气体的高压气体钢瓶，除了要保证严密不漏外，最好单独放置在远离实验室的房间内。

④ 高压气体钢瓶中的气体不要全部用尽。一般高压气体钢瓶使用到压力为 0.5MPa 时，应停止使用，因为压力过低会给充气带来不安全因素（如钢瓶内压力与外界大气压力相同时，会使空气进入）。对危险气体来说，因上述情况在充气时发生爆炸已有许多事故教训。

⑤ 瓶阀是高压气体钢瓶的关键部件，必须进行保护，否则可能会发生事故。

⑥ 使用高压气体钢瓶时，必须用专用的减压阀和压力表。尤其是氧气和可燃气体不能互换，为了防止氧气和可燃气体的减压阀混用造成事故，表盘上都须标注氧气表、氢气表、丙烷表的字样。氢气及其他可燃气体瓶阀及其减压阀的连接管为左旋螺纹，而氧气等不可燃烧气体瓶阀及其减压阀的连接管为右旋螺纹。

⑦ 氧气瓶阀严禁接触油脂。因为高压氧气与油脂相遇，会引起燃烧，以致爆炸，故切莫用带油污的手和扳手开关氧气钢瓶。

⑧ 要注意保护瓶阀。开关瓶阀时，一定要在弄清楚方向后再缓慢转动，因为旋转方向错误和用力过猛会使螺纹受损，受损严重时可能使螺纹冲脱而出，造成重大事故。关闭瓶阀时，不漏气即可，不要关得过紧。使用完毕或搬运时，一定要装上保护瓶阀的安全帽。

⑨ 当瓶阀发生故障时，应立即报告指导教师。严禁擅自拆卸瓶阀上的任何零件。

1.2.3.3 减压阀

（1）工作原理

气体减压阀的高压腔与钢瓶连接，低压腔为气体出口，并通往使用系统。高压表的示值为钢瓶内储存气体的压力，低压表的出口压力可由调节螺杆控制。

减压阀使用时先打开钢瓶总阀门，然后顺时针转动调节螺杆，使其压缩弹簧并传动至弹簧垫块、金属膜片和顶杆而将活门打开。这样上游进口的高压气体由高压室经节流减压后进入低压室，并经出口通往下游工作系统。转动调节螺杆，改变活门开启的程度，从而调节高压气体的通过量并达到所需的压力值。若下游压力降低，则金属膜片上顶的力量下降，在弹簧的作用下，活门被顶开，下游的气体得到补充，直到下游气体压力恢复到减压阀设定的压力为止。

减压阀都装有安全阀。安全阀是维护减压器安全使用的卸压装置和减压器出现故障的信号装置。当输出压力由于活门密封垫、阀座损坏或其他原因自行上升到超过最大输出压力的 1.5～15 倍时，安全阀会自动打开排气；当压力降低到许用值时则会自动关闭。

（2）压力设定

当正确地将减压器安装在高压气体钢瓶阀上，并打开高压气体钢瓶阀后，应该严格按照如下步骤进行压力设定：

① 关闭减压阀前的阀门（一般为高压气体钢瓶阀门）。开启减压阀后的阀门。

② 将减压阀调节螺杆按逆时针旋转至最上位置（此时出口压力调至最低），然后关闭减压阀后的阀门。

③ 慢慢开启减压阀前的阀门至全开。

④ 顺时针慢慢旋转调节螺杆，将出口压力调至所需要的压力（以阀后表压为准）；调整好后，将锁紧螺母锁紧，打开减压阀后的阀门，则可稳定给下游供气。

但是，还应指出：如在调整时出口压力高于设定压力，则必须从步骤①开始重新调整，即只能从低压向高压调。

(3) 关闭

工作完毕时只需完全松开调节螺杆，活门在高压气体作用力和活门弹簧的作用下就会关闭密封。最后关闭高压气体钢瓶阀门。

(4) 注意事项

① 要把高压气体钢瓶固定在墙壁、支柱或专用推车上，务必保证气瓶不能翻倒在地上。

② 使用前应确认减压器是否完好并检查有无油脂污染。如有油脂存在则应由专业人员予以清洗。减压器上的杂质、污物及灰尘等应清除掉。

③ 检查高压气体钢瓶阀是否有油脂污染，螺纹是否损坏，是否有杂质、污物存在。如发现有油脂存在或螺纹损坏就不应再使用该高压气体钢瓶并将这些情况通知供气单位。清除高压气体钢瓶阀的杂质、污物及灰尘等。

④ 把减压器装到高压气体钢瓶上，把全部连接接头扳紧。

⑤ 在打开高压气体钢瓶阀前要先把减压器调节螺杆逆时针方向旋到调节弹簧不受压为止。

⑥ 打开高压气体钢瓶阀时不要站在减压器的正面或背面。高压气体钢瓶阀应缓慢开启至高压指示出瓶压读数。

⑦ 顺时针方向旋转减压器调节螺杆，使低压表达到所需的工作压力。如果压力太高则应旋松调节螺杆，放出一部分气体后重新调节。

⑧ 要检查是否漏气。先把高压气体钢瓶阀关好，然后逆时针方向把调节螺杆旋出一圈。如果高压表读数减小，那么就是减压器高压部分或高压气体钢瓶阀漏气；如果低压表读数减小，那么就是减压器低压部分或减压器后面的管路和设备漏气；如果高压表读数减小，同时低压表读数上升，那么说明减压器阀座处漏气。

⑨ 高压气体钢瓶不用时要随手把气阀关好。当工作结束后，先要关闭高压气体钢瓶阀；然后打开设备上的阀把减压器的全部气体排出；接着把刚才打开的阀门关好；最后逆时针方向调节螺杆一直到调节弹簧不受压为止。

⑩ 减压器因长期受压，故应定期送专门检修部门检修。一般一年检修一次。

还应指出，减压阀一般专阀专用，不能用于其他气体。为了防止误用，有些专用减压阀与钢瓶之间采用特殊连接口。例如氢气和丙烷均采用左旋螺纹，也称反向螺纹，安装时应特别注意。

1.2.4 实验事故紧急处理

实验操作过程中，多种原因可能发生危害事故，如火灾、烫伤、中毒、触电等。紧急情况下必须立即进行应急处理。

① 发生火灾时应选用适当的消防器材及时灭火。当电器发生火灾时应立即切断电源，并进行灭火。特殊情况下不能切断电源时，不能用水灭火。若火势较大，应立即报告消防队，并说明情况。

② 割伤。应先取出玻璃碎片，用蒸馏水洗净伤口，然后用药棉及碘酒擦洗伤口，最后用消毒纱布包扎。大量出血或割伤应立即去医院治疗。

③ 触电。发现有人触电应立即切断电源，不能拉开电闸时，应用绝缘体（如木棒、椅子等）使电线或电热器与触电者脱离，切忌直接救护触电者。切断电源后，立即将伤者送往

医院治疗。

④ 药品烧蚀伤。被酸或碱烧伤时，尽可能快地用水冲洗，然后用中和剂（被碱烧伤时用1%～2%的醋酸或硼酸溶液；被酸烧伤时用5%的碳酸氢钠溶液）洗涤。被溴烧伤时，应立即用酒精洗涤，然后涂上甘油或烫伤油膏。

⑤ 轻度烫伤或烧伤。用硼酸水及药膏涂抹，用纱布包好，烫泡大者不可刮破，须由医生酌情处理。

⑥ 眼睛受伤。立即用大量水冲洗眼睛（不可用手擦和揉眼睛），如使用中和剂则应特别小心，只能用不大于1%的硼酸或碳酸氢钠溶液，然后用蒸馏水冲洗。

2 食品工程原理实验的研究方法与设计

2.1 实验研究方法

食品工程实验研究的困难在于所涉及的物料千变万化，如物质、组成、相态、温度、压力均可能有所不同，设备形状尺寸相差悬殊，变量数量众多。若采用通常的实验研究方法，必须遍及所有的流体和一切可能的设备几何尺寸，其浩繁的实验工作量和实验难度是人们难以想象的。那么，能不能用模拟物料进行实验，在物料种类上由此及彼？能不能只在小设备上进行实验、在设备尺寸上由小见大？能不能只做少量的探索性实验、归纳方程用于工业设计？食品工程学科，如同其他工程学科一样，除了生产经验的总结之外，实验研究是学科建立和发展的重要基础。多年来，食品工程原理在发展过程中形成的研究方法有直接实验法、量纲分析法、数学模型法和过程变量分离法等。

2.1.1 直接实验法

直接实验法是解决工程实际问题最基本的方法，一般是指对特定的工程问题，进行直接实验测定，从而得到需要的结果。这种方法得到的结果较为可靠，但它往往只能用在条件相同的情况下，具有较大的局限性。例如物料干燥中，已知物料的湿分，利用空气作干燥介质，在空气温度、湿度和流量一定的条件下，直接实验测定干燥时间和物料失水量，可以作出该物料的干燥曲线；如果物料和干燥条件不同，所得干燥曲线也不同。

对一个多变量影响的工程问题，进行实验，为研究过程的规律，用网格法实验测定，即依次固定其他变量，改变某一个变量测定目标值。如果变量数为 m 个，每个变量改变条件数为 n 次，按这种方法规划实验，所需实验次数为 n^m 次。这样的实验必是旷日持久、费时费钱。依这种方法组织实验，所需实验数目非常大，难以实现。

因此，针对工程实验的特殊性，必须采用有效的工程实验方法，才能达到事半功倍的效果。化学工程基础理论在发展过程中，已形成了一系列行之有效的理论，在这些理论指导下的实验研究方法具有两个功效：一是能够“由此及彼”；二是可以“由小见大”。借助模拟物料（如空气、水、黄沙等），在实验室规模的小设备中，经有限的实验并加以理性的推断而得出工业过程的规律。这种在实验物料上能做到“由此及彼”，在设备上能“由小见大”的实验方法理论，正是化学工程基础理论精华的根本所在。

2.1.2 量纲分析法

在流体力学和传热过程的问题研究中，出现许多影响这些过程的变量，如设备的几何条件、流体流动条件、流体的物性变化等。利用直接实验法测定，使研究工作困难，因为几乎是不可能改变许多变量来做实验，而且实验结果也难以普遍使用。利用量纲分析法，可以大大减少工作量。

法定单位基本量长度、质量、时间、温度的量纲分别以 L、M、T、θ 表示，某物理量的量纲式为 $M^a L^b T^c \theta^d$。其中，a、b、c、d 为量纲，当 $a=b=c=d=0$ 时，则称该物理量的量纲为 1。

一致性原则能合理反映一个物理规律（现象）的方程，其符号两边不仅数值要相等，且每一项都应具有相同的量纲。

量纲分析法所依据的基本原则是物理方程的量纲一致性。方法将多变量函数整理为简单的量纲为一数群的函数，然后通过实验归纳整理出准数关系式，从而大大减少实验的工作量，同时也容易将实验结果应用到工程计算和设计中。量纲分析法的具体步骤如下。

① 找出影响过程的独立变量。

② 确定独立变量所涉及的基本量纲。

③ 构造变量和自变量间的函数式，通常以指数方程的形式表示。

④ 用基本量纲表示所有独立变量的量纲，并写出各独立变量的量纲式。

⑤ 依据物理方程的量纲一致性和 π 定理得出准数方程。

⑥ 通过实验归纳总结准数方程的具体函数式。

例如，流体在管内流动的阻力 h 和摩擦系数 λ 的计算研究（图 2-1），是利用量纲分析法和实验得到解决的。实验得知，影响流体在管内流动阻力的因素有管径 d、管长 l、流速 u、流体的密度 ρ、黏度 μ 及管壁的粗糙度 ε。

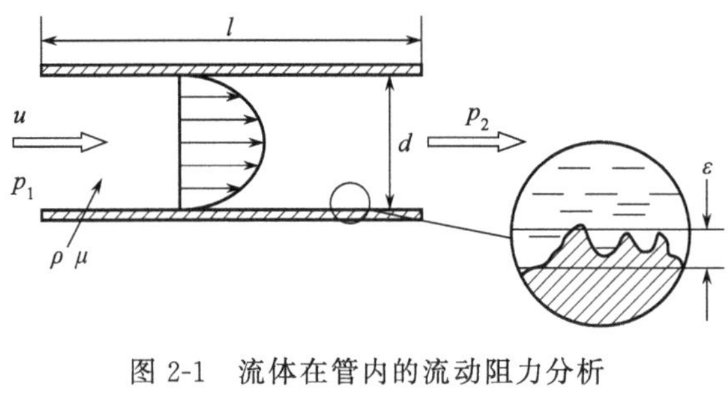

图 2-1 流体在管内的流动阻力分析

写成函数关系式为

$$h=f\ (d,\ l,\ u,\ \rho,\ \mu,\ \varepsilon) \tag{2-1}$$

白金汉（Buckingham）π 定律：设影响某现象的物理量数为 n 个，这些物理量的基本量纲为 m 个，则该物理现象可用 $N=n-m$ 个独立的量纲为一数群（准数）关系式表示。由以上分析，变量数 $n=7$ 个，表示这些物理变量的基本量纲 $m=3$，有质量 M、长度 L 和时间 T。由 π 定律可知，可以整理得到 4 个量纲为一数群。

当某一物理量与其他物理量有关时，则可假设这一物理量与其他物理量的指数次方成正比（即 Lord Rylegh 指数法），将式（2-1）写成乘幂函数的形式，即

$$h_1=kd^a l^b u^c \rho^d \mu^e \varepsilon^f \tag{2-2}$$

将 h、d、l、u、ρ、μ、ε 的量纲 $ML^{-1}T^{-2}$、L、L、LT^{-1}、ML^{-3}、$ML^{-1}T^{-1}$、L 代入式（2-2），通过量纲分析，将变量量纲为一化，式（2-2）可化为式（2-3）和式（2-4），即

$$\frac{h_f}{u^2\rho}=k\left(\frac{l}{d}\right)^b\left(\frac{du\rho}{\mu}\right)^{-e}\left(\frac{\varepsilon}{d}\right)^f \tag{2-3}$$

$$\lg\left(\frac{h_f}{u^2\rho}\right)=\lg k+b\lg\left(\frac{l}{d}\right)+（-e）\lg\left(\frac{du\rho}{\mu}\right)+f\lg\left(\frac{\varepsilon}{d}\right) \tag{2-4}$$

原来具有 7 个变量的关系式经量纲分析变为只有 4 个准数（欧拉准数 $Eu=h_1/u^2$、长径比 l/d、雷诺准数 Re、相对粗糙度 ε/d）的关系式（图 2-2）。常数 k、b、e、f 通过实验确定。固定 l/d 和 ε/d，把 h_1/u^2 与 Re 的实验数据在双对数坐标纸上进行标绘，确定 e，同理确定 b、f，截距为 k。已知 $b=1$，将式（2-3）与摩擦阻力公式 $h_f=\lambda\dfrac{l}{d}\dfrac{u^2\rho}{2}$相比，得到 $\lambda=\varphi(Re,\varepsilon/d)$。将一个复杂的多变量影响的管内流体阻力计算问题，简化为摩擦系数 λ 的研究和确定。具体的函数关系还必须依靠实验确定。

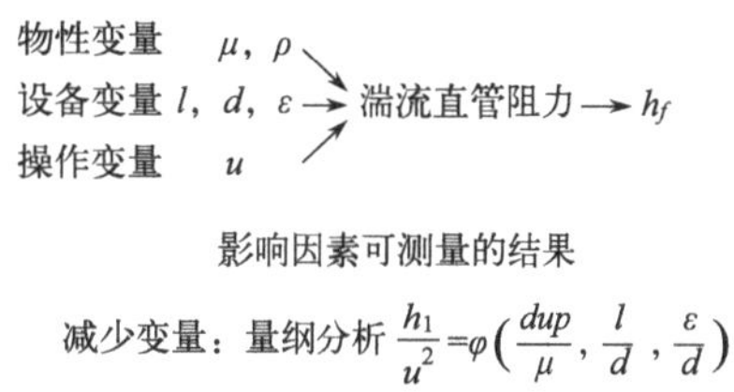

图 2-2 研究流体在管内流动阻力的量纲分析

同样，利用量纲分析方法也可以得到各种传热过程的准数函数。由此看来，量纲分析方法是食品工程原理实验研究的有用工具，它指出了减少实验变量的方法。但在变量合并过程中，如何合并变量为有用准数，这是研究者必须十分注意的问题。必须指出，应用量纲分析的过程，必须对所研究的过程问题有本质的了解。如果有一个重要的变量被遗漏，那么就会得出不正确的结果，甚至导致谬误。所以应用量纲分析法必须持谨慎的态度。

2.1.3 数学模型法

数学模型法是将食品工程过程各变量之间的关系用一个（或一组）数学方程式来表示，通过对方程的求解可以获得所需的设计或操作参数。数学模型法是近 20 年内产生、发展和日趋成熟的方法。

按数学模型的由来，可将其分为机理模型和经验模型两大类。前者从过程机理推导得出，后者由经验数据归纳而成。习惯上，一般称前者为解析公式，后者为经验关联式。如流体力学中的泊谡叶（Poiseuille）公式 $\Delta p=\dfrac{32\mu lu}{d^2}$，即为流体在圆管中层流流动的解析公式；而流体在圆管中湍流时摩擦系数的表达$\dfrac{1}{\sqrt{\lambda}}=1.74-21g\ \dfrac{2\varepsilon}{d}$，则为经验关联式。化学工程中应用的数学模型大多介于两者之间，即所谓的半经验半理论模型。我们讨论的数学模型，主要指这种模型。机理模型是过程本质的反映，因此结果可以外推；而经验模型（关联式）来源于有限范围内实验数据的拟合，不宜外推，尤其不宜大幅度外推。在条件可能时，模型还

是希望建立机理模型。但由于食品工程过程一般都很复杂，再加上观测手段的不足，描述方法有限，要完全掌握过程机理几乎是不可能的。这时，不得已提出一些假设，忽略一些影响因素，把实际过程简化为某种物理模型，通过对物理模型的数学描述建立过程的数学模型。

实际上，在解决工程问题时一般只要求数学模型满足有限的目的，而不是盲目追求模型的普遍性。因此，只要在一定的意义下模型与实际过程等效而不过于失真，该模型就是成立的。这就允许在建立数学模型时抓住过程的本质特征，忽略一些次要因素的影响，从而使问题简化。过程的简化是建立数学模型的一个重要步骤。只有简化才能解决复杂过程与有限手段和方法的矛盾。科学的简化如同科学的抽象一样，更能深刻地反映过程的本质。从这一意义上说，建立过程的数学模型就是建立过程的简化物理图像的数学方程式。

数学模型法是在对研究的问题有充分认识的基础上，将复杂问题做合理简化，提出一个近似实际过程的物理模型，并用数学方程（或微分方程）表示的数学模型，然后确定该方程的初始条件和边界条件，求解方程。电子计算机的出现，使数学模型方法得以迅速发展，成为化学工程研究中的强有力工具。但这并不意味着可以取消和削弱实验环节，而是对工程实验提出了更高的要求。一个新的、合理的数学模型，往往是在现象观察的基础上，或对实验数据进行充分研究后才建立的，新的模型必然会引出一定程度的近似和简化，或引入一定参数，这一切都有待于实验进一步的修正、校核和检验。

数学模型法解决工程问题的大致步骤如下。

2.1.4 过程变量分离法

单元操作是由食品工程中的某一物理过程与过程设备共同构成的一个单元系统。对于同一 物理过程，可在不同形式、不同结构的设备中完成。因此，物理过程变量和设备变量交织在一起，使得所处理的工程问题变得复杂。但是，如果可以在众多变量之间将交联较弱者切开，即有可能使问题大为简化，从而易于解决，这就是变量分离方法。

如低含量吸收塔传质单元高度的研究中，$H=\frac{G}{K_y a}\int_{y_2}^{y_1}\frac{\mathrm{d}y}{y-y_e}$， $H_{OG}=\frac{G}{K_y a}$，$N_{OG}=\int_{y_2}^{y_1}\frac{\mathrm{d}y}{y-y_c}$。传质单元高度 H_{OG} 取决于气液量的大小和总体积吸收系数，而总体积吸收系数与填料性能有关。因此 H_{OG} 反映了设备传质性能的好坏，其值越大，设备传质性能越差，完成一定的分离任务所需的填料层就越高。传质单元数 N_{OG} 取决于分离任务的要求和相平衡关系，与设备性能无关，它反映了分离任务的难易程度，其值越大，表明分离越难，要完成一定的分离任务所需的填料层就越高。

又如板式塔是一种级式接触传质设备，由于在塔板上的传质过程受到物性、气液两相流量、流体组成、两相流动状况、接触状况等众多因素的影响，其过程机理十分复杂。也就是说，塔板上气液两相的传质、传热速率，不仅取决于物系的性质，还与操作条件和塔板结构有关，很难用简单的方程表示。工程上为了解决这一困难，引入了理论板和板效率的概念。所谓理论板是一种气、液两相皆充分混合但传质、传热过程阻力皆为零的理想化塔板。因此，不管引入理论塔板的气、液两相组成如何，温度不一，离开塔板的气、液两相在传热和传质两方面都达到平衡状态，即两相温度相同，组成互为平衡。而实际塔板与理论塔板的差异，则以板效率来表示。理论板和板效率的引入，将复杂的精馏过程分解为两个问题，即完成一个规定的分离任务，共需要多少块理论板；为了确定实际塔板数目，需要知道塔板效率有多高。

实际上，理论板和板效率的概念与传质单元数和传质单元高度的概念有异曲同工之妙，也是一种变量分离方法的具体应用。对于具体的分离任务，所需的理论板数只取决于物系的相平衡关系和两相的流量比，而与物系的基础物性、塔板结构及流动状态无关。后者众多因素的复杂影响则包含于塔板效率内。而精馏过程实验研究的重点正是测定塔板的效率。

2.1.5 过程分解与合成法

过程分解与合成法是研究处理复杂问题的一种有效方法，优点是从简到繁，先考察局部，再研究整体。这一方法是将一个复杂的过程（或系统）分解为联系较少或相对独立的若干个子过程或子系统，分别研究各子过程本身特有的规律，再将各子过程联系起来以考察各子过程的影响以及整体过程的规律。

这一方法同样用“黑箱”法作实验研究，在过程分解之后就可大幅度减少实验次数。例如，一个包含 10 个变量，各变量之间相互关联的过程，若每个变量改变 5 个水平进行实验，总实验次数为

$$5^{10}=9765625$$

假如通过对过程的研究发现可将整个过程分解为两个相对独立的子过程，每个子过程分别包括 4 个和 6 个变量，如果每个变量仍改变 5 个水平做实验，则总的实验次数为

$$5^{4}+5^{6}=16250$$

可见，在将过程分解之后，实验次数大幅度减少，总的实验工作量仅为原来的 0.166%。如果在子过程的实验研究中，再辅以量纲分析法指导组织实验，可使实验工作量进一步减少。

应当注意的是，在应用过程分解的方法研究工程问题时，对每个子过程所得的结论只适用于局部。例如，通过实验研究得到了某一子过程的最优设计或操作参数，但子过程的最优并不等于整个过程的最优，通常整个过程在相当程度上受制于关键子过程的影响。在化学工程中，一般将这些关键子过程称为控制过程或控制步骤。

2.2 实验流程设计

食品工程原理实验流程设计是实验过程中一项重要的工作内容。由于食品工程原理实验装置是由各种单元设备和测试仪表通过管路、管件和阀门等以系统的合理的方式组合而成的整体，因此，在掌握了实验原理、确定了实验方案后，要根据前两者的要求和规定进行实验流程设计，并根据设计结果搭建实验装置以完成实验任务。

2.2.1 实验流程设计的内容及步骤

实验流程设计一般包括以下内容。

（1）选择主要设备

例如在流体力学与流体机械特性的有关实验中，选择不同型号及性能的泵；在吸收实验中根据吸收物料体系选择合适的填料塔和填料；在精馏实验中选择不同结构的板式塔或填料塔；在传热实验中选择不同结构的换热器等。

（2）确定主要检测点和检测方法

在实验中，需要测定的数据一般可分为工艺数据和设备性能数据两大类：工艺数据包括物流的流量、温度、压力及浓度（组成），主体设备的操作压力和温度等；设备性能数据包括主体设备的特征尺寸、功率、效率或处理能力等。要指出的是，这里所讲的两大类数据是直接测定的原始变量数据，不包括通过计算获得的中间数据。

（3）确定控制点和控制手段

一套设计完整的实验装置必须是可操作和可控制的。可操作是指既能满足正常操作的要求，也能满足开车和停车等操作的要求；可控制是指能控制外部扰动的影响。为满足这两点要求，设计流程必须考虑完备的控制点和控制手段。

食品工程原理实验流程设计的一般步骤如下。

① 根据实验的基本原理和实验任务选择主体单元设备，再根据实验需要和操作要求配套附属设备。

② 根据实验原理找出所有的原始变量，据此确定检测点和检测方法，并配置必需的检测仪表。

③ 根据实验操作要求确定控制点和控制手段，并配置必要的控制或调节装置。

④ 画出实验流程示意图。

⑤ 对实验流程的合理性做出评价。

2.2.2 实验流程图的形式及要求

在食品工程设计中，通常都要求设计人员给出工艺过程流程图（process flow diagram，PFD）和带控制点的管道流程图（piping and instrumentation diagram，PID），两者都称为流程图，且部分内容相同，但前者主要包括物流走向、主要工艺操作条件、物流组成、主要设备特性等内容，后者包括所有的管道系统以及检测、控制、报警等系统，两者在设计中的作用是不同的。

在食品工程原理实验中，要求学生给出带控制点的实验装置流程示意图，其基本的带控制点的实验装置流程图一般由三部分内容组成：

① 画出主体设备及附属设备（仪器）示意图。

② 用标有物流方向的连线（表示管路）将各设备连接起来。

③ 在相应设备或管路上标注出检测点和控制点。检测点用代表物理变量的符号加上“I”表示。例如用“PI”表示压力检测点，用“TI”表示温度检测点，用“FI”表示流量检测点，用“LI”表示液位检测点等。控制点则用代表物理量的符号加上“C”表示。

2.2.3 设计和选择原则

（1）主体装置、设备的设计与选择

实验的主体设备设计与选择应从实验项目的技术要求、实验对象的特征以及实验本身的特点三方面加以考虑，力求做到结构简单多用，易于观察测控，便于操作调控，数据准确可靠。

根据研究对象的特征合理设计和选择实验设备，使实验设备在结构和功能上满足实验的技术要求，是实验设备设计和选择中首先应该遵循的原则。例如在测定离心泵特性曲线的有关实验中，选择不同型号及性能的泵；在传热实验中选择不同结构的换热器；在精馏实验中选择不同结构的板式塔或填料塔等。

（2）辅助设备的选择

食品工程实验中所用的辅助设备主要包括动力设备和换热设备。动力设备主要用于物料的输送和系统压力的调控，如离心泵、计量泵、真空泵、鼓风机、压缩机等。换热设备主要用于温度的调控和物料的干燥，如管式电阻炉、电热烘箱等。如以水蒸气-空气为传热介质的传热实验中，空气的输送可选用气体鼓风机，水蒸气可采用电加热炉产生；在真空过滤实验中，采用真空泵使系统造成一定的负压，形成过滤推动力等。

（3）仪表的选择

在实验中，温度、压力、流量这几个参数是最需要测定和控制的。由于所涉及的物系介质不同，工艺要求和工作状况不同，所测试的地点不同等，这些测量仪表也多种多样。如何根据工艺要求，正确选择所需的测量仪表具有重要作用。

① 温度测量仪表的选用。温度测量仪表选择主要根据被测介质的测温范围、准确度要求，显示及控制要求、环境条件、响应时间等来决定。玻璃管温度计由于结构简单、准确度较高，稳定性好、价格低廉，是最常用的一种温度计。热电阻、热电偶温度计测温范围广、不怕震动、安装方便、寿命长，便于远距离多点集中测量和自动控制温度，也是很常用的温度计。如在精馏实验中，为了对塔内操作状况有全面的了解，需要测取塔板的温度，而且塔板温度在室温到 100℃之间，因此可以选用铂电阻温度传感器。

② 压力测量仪表的选用。压力测量仪表有液柱式压力计、弹性式压力计、传感器式压力计等。选用压力表时，要考虑其量程、准确度、介质性质和条件、显示要求等因素。测量微小压力或压差时，可采用液柱式压力计；如果需要自动显示或远传，就要用传感器式压力计。如在离心泵性能测定实验中，泵进出口处的压强就可采用就地显示的弹性式压力计；流动阻力实验中，测定小压差采用的就是倒 U 形管式压力计，测定大压差采用的就是传感器式压力计。

③ 流量计的选用。实验室常用的流量计有转子流量计、节流式流量计、涡轮流量计、涡街（旋涡）流量计、电磁流量计等。实验过程中需要根据测试对象和精度要求选用合适的流量计。如在吸收实验中，气体流量的测定可采用节流式流量计，液体流量的测定可采用转子流量计，需要连续读数并实时记录的液体流量可选用电磁流量计等。

各类测量仪表的选择除根据实际的实验研究需要外，还应该考虑仪表使用过程中的安全性，仪表数据采集的可靠性和便于智能控制、远程数据采集、测控等综合因素。

2.2.4 实验装置的安装

实验装置的正确安装是确保实验数据的准确性、实验操作的安全性和实验布局的合理性的重要环节。装置的安装包括设备、管道、阀门和分析检测仪器、仪表等几个方面。由于食品工程原理实验的对象不同、目的要求不同、操作条件不同，因此在安装实验装置时应针对过程的特点、实验设备的多少以及实验场地的大小来合理安排。在满足实验要求的前提下，力争做到布局合理美观，操作安全方便，检修拆卸自如，易于后期维护维修。常见的食品工程原理实验装置的安装步骤如下。

（1）搭建设备安装架

如果设备较轻，体积不大，流程也不太长，可以搭建设备安装架，将小型设备固定在安装架上。对一些较重的设备，可以制作专门的支撑架。仪表面板也可安装在架子上，以便集中显示或控制测量参数。设备安装架一般是靠墙安放，并靠近电源和水源。

（2）设备的安装和布置

安装设备时，应先主后辅，主体设备定位后，再安装辅助设备，同时应注意设备管口的方位以及设备的垂直度和水平度。管口方位应根据管道的排列、设备的相对位置及操作的方便程度来安排，取样口的位置要便于观察和取样。对塔设备的安装应特别注意塔体的垂直，因为塔体的倾斜将导致塔内流体的偏流和壁流，使填料润湿不均，塔效率下降。水平安装的冷凝器应向出口方向适当倾斜，以利于冷凝液的排放。

设备的布置应按工艺流程顺序。设备的平面布置应前呼后应，连续贯通。立面布置应错落有致，紧凑美观。设备之间应保持一定距离，以便设备的安装与检修，并尽可能利用设备的位差或压差促使流体的流动。

对于运转时产生震动和噪声的设备，如空压机、离心泵、真空泵等，尽可能安装在地面上或采取隔离措施。离心泵的进口管线不宜过细过长，不宜安装阀门，以减小进口阻力。

（3）测量仪表的安装

正确使用测量仪表的关键是测量点、采样点的合理选择及测量元件的正确安装。因为测量点或采样点所采集的数据是否具有代表性和真实性，是否对操作条件的变化足够灵敏，将直接影响实验结果的准确性和可靠性。

温度测量点的位置及测温元件的安装方法，应根据测量对象的具体情况来合理选择。测量点的选择一定要放在最具代表温度的部位。例如对流传热系数测定实验中，在冷流体的进、出换热器处安置温度计测量冷流体的温度变化，在换热器内管管壁上安置多对热电偶测量管壁温度。测温元件的安装应有利于热交换的进行，应安全、可靠，便于维修、校验等。

压力测量点的选择要充分考虑系统流动阻力的影响，应尽可能靠近希望控制压力的地方。如真空精馏中，为防止釜温过高引起物料的分解，采用减压的方法来降低物料的沸点。若测压点设在塔顶冷凝器上，则所测真空度不能反映塔釜状况，还必须加上塔内的流动阻力。因此，测压点设在塔釜的气相空间是最安全、最直接的。通常的做法是用 U 形管压力计同时测定塔釜的真空度和塔内压力降。

流量计的安装与流量计种类有关。转子流量计要垂直安装；涡轮流量计一般要水平安装，并要装过滤网；节流式流量计既可水平安装又可垂直安装，但要注意流体的流向。

各类仪器仪表安装后电源及控制部分的安装必须符合相关规范要求，做到各仪器金属外壳统一接地且相互等电位连接，各种仪表的传感器导线尽量采用屏蔽电缆连接，确保弱电信号线路与强电信号线路不能混淆和绑扎在一起。各类加热电源线路要独立设置回路控制，做好限流和散热保护，对于大功率加热电器应确保有双重控温保护装置电路。

2.2.5 实验装置的安全性评估

任何实验装置必须在安装完毕进行通电测试前进行安全评估，确保装置启动过程中不发生意外情况和确保整个过程的实验人员的安全。食品工程原理实验主要面向学生进行实验教学，装置在安装调试后，尤其是学生自建装置或采用模块化拼装装置搭建完毕后，必须进行安全性评估才能进行实验。一般食品工程原理实验装置的安全性评估应该由具备食品工程安全的专业人员进行包括以下几个方面的评估。

(1) 装置安装结构安全

实验装置安装框架是否牢固，安装的整体结构是否合理，有无头重脚轻易倒覆危险，装置是否与地面牢固固定，底座是否水平。对于高于 1.8m 的装置是否上部与墙面有刚体固定或设置防止倒覆装置，对于有液罐、物料箱等装置，是否考虑满物料后的承重。这些指标要逐一评估后才能确保装置使用过程中不发生倾覆等危险。

(2) 用电安全

装置所有金属外壳和框架是否通过导体连接成整体并妥善接地；每台装置是否有独立的漏电开关设计；装置是否有意外情况的电源急停装置；装置满负荷总功率与电源线是否匹配；加热装置的加热电源线是否有双层绝缘和耐高温处理；控制箱以外的装置接线柱是否有绝缘保护措施，存在易燃气体的实验室的装置所有电源接线头是否焊接处理或采用防爆接头。各装置的加热部件，必须进行对装置外壳的阻抗测试，检测漏电电流，并对装置控制器与装置之间的强电、弱电线路进行梳理，信号线进行保护屏蔽。

(3) 气密性检测

装置的所有管路使用前必须进行气密性检测，气体管路的气密性检测一般采用氮气或压缩空气进行试漏，液体管路采用清水试漏。试漏过程应该包括所有管路、储罐、反应器及阀门等。在试漏过程中应该保证在设计安全压力范围内试压到工作状态最高压力以上，逐一检测装置的气密性。

(4) 机械传动安全

逐一检查装置的各机械传动部分的安全性，尤其是有外置电机时必须考虑电机高速旋转时是否有转动部分松动和脱落伤人事故隐患，是否出现高频振动导致装置玻璃部件破损等。

(5) 装置周围环境安全

装置的水、电、气管线尽量采用埋地铺设或正上方架空铺设，装置四周不得存在可移动电缆或地面上的管线。确定装置四周地面是否具备防滑处理，是否对装置设置了明显安全警示标志。存在易燃气体或挥发性气体的装置实验室是否有良好负压通风系统。

2.2.6 实验装置的调试

通过选用基本的实验仪器设备构成整套实验装置，实验装置安装完毕后，要进行设备、仪表及流程的调试工作。调试主要包括系统气密性实验、仪器仪表的校正和装置试运行。

(1) 系统气密性实验

系统气密性实验包括试漏、查漏和堵漏。对压力要求不高的系统，一般采用对设备和管路充压或减压后，关闭进出口阀门，观察压力的变化。若发现压力持续降低或升高，说明系统漏气。查漏工作应首先从阀门、管件和设备的连接部位入手，采取分段检查的方式确定漏点，然后考虑设备材质中的砂眼问题。堵漏一般采用更换密封件、斯固阀门或连接部件的方法。

对于高压系统，应进行水压实验，以考察设备强度。水压实验一般要求水温大于5℃，实验压力大于1.25倍设计压力。实验时逐级升压，每个压力级别恒压不少于半小时。以便查漏。

(2) 仪器仪表的校正

由于待测物料的性质不同，仪器仪表安装方式不同，以及仪表本身的准确度等级和新旧程度不一，都会给仪器仪表的测量带来系统误差。因此，仪器仪表在使用前必须进行标定和校正，以确保测量的准确性。

(3) 装置试运行

装置安装完成后，再仔细检查一下管路是否连接畅通，阀门开关状态是否符合运行要求，仪器仪表是否安装到位，是否经过校正和标定，检查合格后才能进行试运行。试运行的目的是检验装置是否贯通，所有管件阀门是否灵活好用，仪器仪表是否工作正常，指标值是否灵敏、稳定，开停车是否方便，管路布置是否合理，有无异常现象。通过试运行，发现问题及时整改，为正式进行实验做好准备。

3

食品工程原理实验数据采集与处理

3.1 实验数据的采集与计算

3.1.1 实验数据采集

为了保证实验获得正确的处理结果，实验时应注意正确采集原始数据。除了认真检查实验装置设备减少系统误差外，应精心操作，认真读取和记录数据，减少人为过失误差，力求原始数据的准确性。因此，在实验数据采集和记录过程中，需要从以下几个方面努力。

（1）正确选择测试参数

实验时应正确选定所测参数，测定那些与研究对象相关的独立变量，例如测定实验系统的介质流量、温度、压力及组成。介质的物性可从文献资料中查得。中间变量可首先通过直接测量，然后通过计算获得。应该指出，这里测定与研究的是对象的主要参数，而不是全部参数。

（2）采集的数据应正确反映对应的关系

对稳态实验操作过程，不仅应注意保证局部数据的准确性，而且要注意与其他数据的联系。所以，一定要在达到稳态的条件下才可读取数据，否则由于未达到稳定，其数据不具有真实对应关系。而对不稳定实验，则应按实验过程规划好读数的时间或位置，应该取同一瞬时值。

（3）正确读取及记录数据

首先认真注意仪表指示的量程、分度单位等，按正确方法读取数据。通常在一定条件下，仔细读取两次以达到自检的目的。记录要字迹清楚避免涂改，并注明单位。对所采集的数据要及时复验，运用所学的知识分析判断其趋势是否正确；发生异常时，应及时采取措施，加以排除。此外，要根据事先拟定的数据采集方案，检查是否漏采数据，以减少工作的反复。

（4）选择实验点的适宜分布

为了保证实验数据在处理过程中正确地反映各变量间的关系或在标绘成图形时分布合理，采集数据时应注意选点的分布。通常变量间呈线性关系时，实验点可以均匀分布。在对数坐标中呈线性关系的，其对数值为均匀分布。若按其真数布点时，应随其数值增大加大间隔。

对于变量间存在非线性关系的情况，应随实验进行观察适时布点，即变化缓慢时，可加大取点间隔；若变化比较敏感或激烈时，则应减小间隔，以便正确反映变化过程中的转折点。

3.1.2 实验数据计算

（1）有效数据

实验中测定的温度、流量、压力等数据是一类有单位的数字。这一类数据的特点是除了具有特定的单位外，其最后一位数字往往是由仪表的精度所决定的估计数字。如温度计的最小分度为1℃时，则其有效数字可取至1℃以下一位数。如某温度可读至20.6℃，最后一位数字是一位带有误差的估计数，其余数为准确数。有效数为3位，含有一位估计数。通常测量某一参数，一般均可估计到最小分度的十分位。估计误差不超过最小分度的±0.5，按此记录有效数据。

（2）有效数字及其表示

测量精度是通过有效数字的位数来表示的。有效数字的位数应是除定位用的“0”以外，余数位都是有效数字。有效数字定义为：一个含 m 位数的近似数（m 从左起非0位开始），其中准确数值为 n 位（$n<m$），取 $n+1$ 位的数值为该近似数的有效数。如3.1416的有效数有5位，22.4140有6位，而0.08206则只有4位有效数。30.00也是只有4位有效数。对“0”必须特别注意。在工程与科学工作中，为了表示清楚有效数字，采用科学记数法，在第一位有效数字后加小数点，而数值数量级用10的整数幂来表示。如981000中，若有效数字为4位写成 9.810×10^5，若只有两位有效数字，就写成 9.8×10^5。

（3）有效数字的运算规则

① 加减运算：在加减运算中，应取各数的小数位数与其中小数位最少者保持一致。例如24.64，25.67，28.55，28.655，19.3相加应写成：

$$24.6+25.7+28.6+28.6+19.3=126.8$$

② 乘除运算：在乘除运算中各数保留位数，应与原来各数中有效数字位数最少的那个数一致。其积和商的有效数字具有相同的位数。例如0.0268，56.573，1.0645相乘写成：

$$0.0268\times56.6\times1.06=1.6078928$$

但只应取其积为1.61。

③ 对数运算：在对数运算中，其对数位数保持与真数有效数字位数一致。

④ 平均值计算：4个或4个以上的数值计算平均值，其平均值有效数字位数可增加一位。

在计算有效数位数时，若计算过程有效数字的第一位大于或等于8，则可考虑有效数字位数增加一位。

在有效数字的计算过程中，有效数字的取舍可按“四舍六入，遇五则偶舍奇入”的原则处理，即凡末位数有效数字后边的第一位数大于 5 则进位，小于 5 舍去不计，等于 5 时如前一位为奇数则进位，前一位为偶数则舍去。例如：27.0246 取四位得 27.02（四舍），27.0246 取五位得 27.025（六入），27.025 取四位得 27.02（偶舍），27.035 取四位得 27.04（奇入）。

3.1.3 实验数据处理方法

由于计算机的普遍应用，实验数据的计算处理，完全可以编制程序由计算机完成，但在编程之前或在编程运算之后，为了检查计算程序是否正确，必须掌握笔算的方法，而在没有条件使用计算机时仍要进行笔算，故在此将食品工程原理实验数据计算的要求及技巧作以说明。

① 计算过程使用 SI（国际单位制）单位。注意有效数字，一般工程计算有效数字取 3 位，运算过程中可多保留一位不定数字。

② 计算时应写出一组数据的完整计算过程，以便检查在计算方法和数字计算上有无错误。计算完一组数据后，就应该判断其结果是否合理。例如根据已有的流体力学知识，孔板流量计的孔流系数 C_0，一般为 0.6～0.8，如果计算结果为 0.035 或其他异常数字，首先应检查数据处理过程，发现问题及时纠正，可避免一错到底。如果是实验原因，可以重新实验测定。

③ 实验数据计算，按实验目的的要求归纳整理计算。由于实验数据较多，为了避免重复计算，减少计算错误，可以将计算式中可合并的常数加以合并，然后再逐一计算。例如流体阻力实验，计算 Re 和 λ 值，可按以下方法进行。

A. Re 的计算。

$$Re=\frac{du\rho}{\mu}$$

式中，d 为管径；ρ 为流体密度；μ 为黏度；u 为黏性系数。d、ρ 和 μ，在对同一物料、同一设备，在恒定温度条件下进行实验时均为定值，可合并为常数 $A=d\rho/\mu$，故有：

$$Re=Au$$

A 值确定后，改变 u 值可算出 Re 值。

B. 管内摩擦系数 λ 值的计算。

由直管阻力计算公式

$$\Delta P=\frac{\lambda l\rho u^2}{2d}$$

$$B'=\frac{2d}{l\rho}$$

得

$$\lambda=\frac{2d\,\Delta P}{l\rho u^2}=\frac{B'\Delta P}{u^2}$$

3.2 实验数据表示方法

实验数据处理，就是将实验测得的一系列数据，经过计算整理后，用最适宜的方式表示出来，在食品工程原理实验中，常用实验数据列表法、实验数据图示法和数学方程表示法等3种形式表示。

3.2.1 实验数据列表法

将实验数据按照自变量因变量的关系，以一定顺序列出数据表，即为列表法。列表法有许多优点，如简单易作、数据易比较、形式紧凑、同一表格内可以表示几个变量间关系等。

实验数据列表可分为记录表和结果表两类。记录表是实验记录和实验数据初步整理的表格。表中数据可分为3类：原始数据、中间结果数据和最终结果数据。它是一种专门的表格，根据实验内容设计。例如流体阻力实验，原始数据需要记录流量，直管阻力测量时U形压力计的测量读数；中间结果计算流速，压降；最终计算流体的雷诺数 Re 和摩擦系数 λ 值等。实验综合结果表只反映变量之间的关系，表达实验最终结果。该表简明扼要，只包括研究变量的关系，如表达不同 ε/d 条件下 λ 与 Re 的关系。

在设计使用实验数据表时，应注意以下几个问题：

① 表格设计要力求简明扼要，一目了然，便于阅读和使用。记录、计算项目满足实验要求。

② 表头应列出变量的名称、符号、单位，同时要层次清楚、顺序合理。

③ 记录数字应注意有效数字位数，要与测量仪表的精度相匹配。

④ 数字较大或较小时应采用科学记数法表示，阶数部分即 $10^{\pm n}$ 记录在表头。

用列表法表示实验数据，其变化规律和趋势不明显，不能满足进一步分析研究的需要，如若用于计算机还需进一步处理。但列表法是图示法和数学方程表示法的基础。

3.2.2 实验数据图示法

用图形表示实验结果，可以明显地看出数据变化的规律和趋势，有利于分析讨论问题，利用图形表示还可以帮助选择函数的形式，是工程上常用的方法。作图过程应遵循一些基本要求，否则达不到预期结果，如对同一组数据，选择不同坐标系，则可得到不同的图形，若选择不适宜会导致错误结论。为保证图示法获得的曲线能正确地表示实验数据变量之间的关系，便于使用，图形标绘应注意以下几方面问题。

3.2.2.1 坐标系的选择

对同一组实验数据，应根据经验判断该实验结果应具有的函数形式，或由因变量与自变量变化规律及幅度的大小，选择适宜的坐标系。适宜坐标系可获得更简明、规律性更好的曲线。而常用坐标系有普通直角坐标（笛卡儿坐标）、单对数坐标和双对数坐标3种，但本质上还都是直角坐标，仅是其分度方法不同。坐标选择可依以下两点原则。

（1）根据数据间的函数关系选择坐标

例如，符合线性方程 $y=a+bx$ 关系的数据，选普通直角坐标，标绘可获得一条直线；符合 $y=ax^2$ 关系的数据，选普通直角坐标标绘是一条曲线，若选取双对数坐标标绘则可获得一条直线。由于直线的使用、处理都比较方便，所以总希望所选用的坐标能使数据标绘后得到直线形式。对于指数函数，如 $y=a^x$ 或 $y=a+b\lg x$，则可选用单对数坐标，也可获得一直线关系。

（2）根据数据变化的大小选择坐标

如果实验数据的两个变量变化幅度较小，则应选择普通直角坐标。若数量级变化很大，一般是选用双对数坐标来表示。如果实验数据的两个变量，其中一个变量的数量级变化很大，而另一个变化较小，一般是使用单对数坐标表示。例如管内流体摩擦系数 λ 与 Re 数的关系，由于 λ 的变化从 0.008～0.1，Re 从 10^2～10^8 变化，两个变量的数量级变化都很大，所以用双对数坐标表示。又如流量计实验测得孔流系数 C_0 和 Re 数的一组数据变化见表 3-1。

表 3-1　孔板流量计实验结果

C_0	0.660	0.652	0.635	0.550	0.55	0.55
Re	5×10^3	10^4	5×10^4	10^5	5×10^5	10^6

C_0 变化甚小，Re 数变化较大，所以选用单对数坐标表示比较合适。

3.2.2.2 坐标纸的使用

① 标绘实验数据，应选适当大小的坐标纸，使其与图形匹配适宜并能正确表示实验数据大小和范围。

② 按照使用的习惯，自变量取横轴，因变量取纵轴，按使用要求注明各轴代表的物理量和单位。

③ 根据标绘数据的大小，对坐标轴进行分度。一般分度原则是，分度的最小刻度应与实验数据的有效数保持一致。同时在刻度线上加注便于阅读的数字。

④ 坐标原点的选择，在一般情况下，对直角坐标原点不一定选为 0 点，应视标绘数据的范围而定，其原点应移至较数据中最小者稍小数的位置为宜。而对数坐标，坐标轴刻度是按 1，2，…，10 的对数值大小划分的，每刻度仍标记真数值。当用坐标表示不同大小的数据时，其分度要遵循对数坐标规律，只可将各值乘以 10^n 倍（n 取正、负整数），而不能任意划分。因此，坐标轴的原点，只能取对数坐标轴上规定的值作为原点，而不能任意确定。

⑤ 坐标轴的比例关系。坐标轴的比例关系是指横轴和纵轴每刻度表示的长度的比例关系。一般来说，正确地选用坐标轴比例关系，有助于正确判断两个量之间的函数关系。例如标绘层流摩擦系数关系式 $\lambda=64/Re$，以 λ 对 Re 作图，在等比轴双对数坐标纸上是一条斜率为 45°的直线，容易看出 λ 与 Re 指数关系为负一次方。若用不等比轴双对数坐标纸标绘，也绘得一条直线，但斜率不一定为 45°，不易看出 λ 与 Re 的函数关系。一般市售常用的坐标纸均为等比轴的对数坐标纸，不等比轴的坐标纸在教材上时有所见。

3.2.2.3 实验数据的标绘

将实验结果数据依次逐个标绘于选定的坐标中，获得大量的离散点；通过这些离散点绘制一光滑曲线，该曲线应穿过实验点密集区，使实验点尽可能接近该曲线，且均匀地分布于曲线的两侧。对于个别偏离曲线较远的点，应加以剔除，如图 3-1 所示。值得强调的是，若要绘制曲线，其实验点不能过少。对于多条曲线绘于同一坐标时，各曲线的实验点应以不同符号加以区别，如图 3-2 所示。由此可见，不同实验点所得曲线特征一目了然，为此也可用于选定实验数据函数关系的表达形式，以便进行函数关系式的回归。

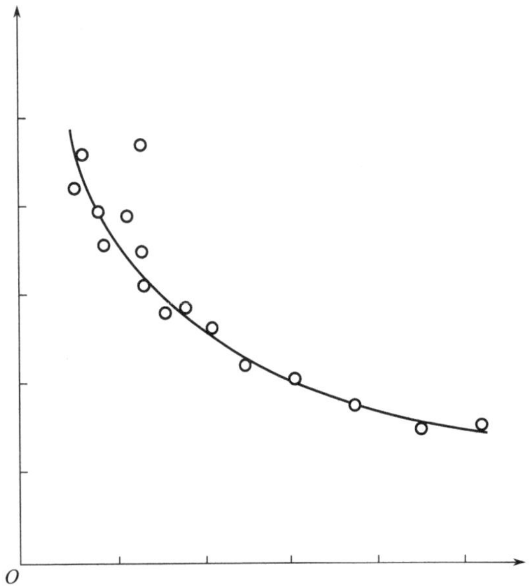

图 3-1　曲线标绘示意图

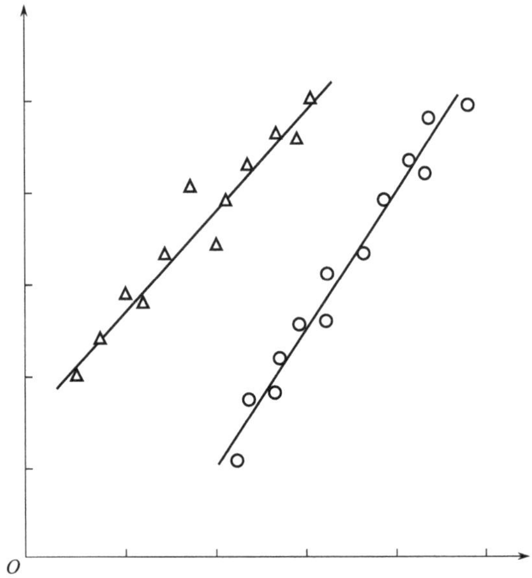

图 3-2　多条曲线标绘示意图

3.2.3　数学方程表示法

采用列表、图示形式处理实验数据的方法，反映了自变量与变量间的对应关系，为工程应用提供了方便。但图示法由离散点绘制曲线时还存在一定随意性，而列表法尚不能连续表达其对应关系，若用于计算机还会带来更多的不便。而将实验数据结果表示为数学方程或经验公式的形式，显然可以避免上述不便，更易用于理论分析和研究，也便于积分和求导。下面介绍实验数据数学方程表示法。

将实验数据结果表示一方程形式的处理方法，首先应针对数据相互关系的特点选择一种适宜函数的形式，然后用图解或数值方法确定函数式中的各种常数，该式是否能准确地反映实验数据存在的关系，最后还应通过检验加以确认，所得的函数表达式才能使用。

一般来说，实验数据处理用方程表示有两种情况。一种是对研究问题有深入的了解，可写出准确函数的关系，具体方程中的常数系数是通过实验确定的。另一种是对实验数据的函数形式未知，为了用方程表示，通常将实验数据绘成图形，参考一些已知数学函数的图形，选择一种适宜的函数。选择的原则是，既要求形式简单，所含常数较少，同时也希望能准确地表达实验数据之间的关系。这两者常常是相互矛盾的，在保证必要准确度的前提下，尽可能选择简单的线性关系。以下是几种典型函数形式及其图形：线性函数、幂函数、指数函数、双曲线函数、其他函数、含三参数的函数。

函数形式多种多样，在此不一一列举。从以上列举函数形式可见，只要经过适当转换，均可化为线性关系，使数据处理工作得到简化。例如，流体在圆形直管内作强制湍流的实验研究，其传热过程的 Nu 数与 Re 及 Pr 关系，可选择幂函数形式：

$$Nu=BRe^{m}Pr^{n}$$

然后通过大量的实验数据，确定方程式中各种常数 $B=0.023$、$m=0.8$、$n=0.3\sim0.4$，于是得目前运用最广泛的对流传热公式：

$$Nu=0.023Re^{0.8}Pr^{0.4}$$

当待处理的实验数据所具有的函数形式选定之后，则可运用以下图解法以及一些数值方法来确定函数式中各常数。

图解方法仅限于具有线性关系或能通过转换成为线性关系的函数式常数的求解，是一种简单易行、容易掌握、准确度较好的方法。首先选定坐标系，将实验数据在图上标绘描线，在图中直线上选取适当点的数据，求解直线截距和斜率，进而确定线性方程的各常数。在作图过程中会发现，由于实验不可避免地存在着误差，实验点总是有一定的分散性，通过一些离散的点，画出一条直线，任意性较大，会影响实验结果的准确性，如果坐标纸选择得比较小，分度又较粗，作图、读数同样带有误差，也会影响结果的准确。显然图解法也会受到上述误差的影响，未能完全克服列表及图示法的不足。采用数值方法处理可减少上述误差。

选点法是一种比较简单的方法，在处理数据要求不高时可以采用。比较准确的方法是采用最小二乘法等数值方法处理实验数据。选点法也称联立方程法，此法适用于数据要求精度很高的实验。否则所得函数式将毫无意义。具体步骤是：

① 选择适宜经验公式形式，即

$$y=f(x)$$

② 建立待定常数方程组。若选定经验公式形式为

$$y=a+bx$$

则从实验数据中选出两个实验点数据（x_1,y_1）、（x_2,y_2）代入式中。

③ 联立求解以上方程，即可解得常数 a、b。若选定公式有 h 个待定常数，显然，则应选取 k 点（x_i,y_i）（$i=1,2,\cdots,k,\cdots,h$），代入原函数式获得方程组，求解方程组以确定各常数。由于在实验测试中，数据难免存在一定的随机误差，故选取的数据点不同，所得结果也必然存在较大差异，可见此法在实验数据精确度不高的情况下不可使用。实际上，对函数关系比较复杂，待定常数较多的情况下，即使实验数据比较精确，采用此法求解难度较大也不宜选用。

3.3 Excel在食品工程原理实验数据处理中的应用

Excel是Office套件的重要组件之一，也是目前最易用和功能强大的电子数据处理软件之一，由于其强大的数据处理、统计和分析功能，在财务、金融、统计等领域得到了广泛的应用。

在食品工程数据处理中，利用Excel的简单数据计算和拟合功能可以处理很多食品工程数据处理问题。

3.3.1 生成图表

【例1】 已知流体流动阻力测定实验数据如表3-2所示，由Excel生成点阵图。

Excel生成点阵图的操作步骤如下：

① 将试验数据输入Excel表中，见图3-3。

表 3-2　流体流动阻力测定实验数据

Re（雷诺数）	λ（摩擦系数）	*Re*（雷诺数）	λ（摩擦系数）
20971	0.0217	67664	0.01607
32937	0.0196	80107	0.01592
44600	0.0175	98476	0.01587
55670	0.01734	105428	0.0159

② 选中两列数据，点击功能区的“插入”选项卡，在图表区（图 3-4）选择“散点图”，打开下拉列表（图 3-5），选择其中一个命令“带直线和数据标记的散点图”，会直接弹出绘制的图形，如图 3-6 所示。

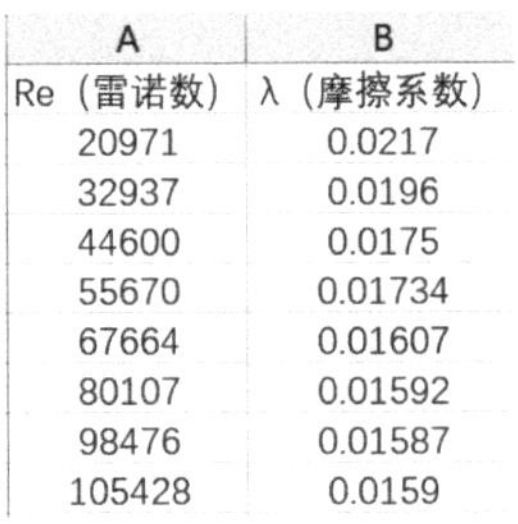

A	B
Re（雷诺数）	λ（摩擦系数）
20971	0.0217
32937	0.0196
44600	0.0175
55670	0.01734
67664	0.01607
80107	0.01592
98476	0.01587
105428	0.0159

图 3-3　数据输入

图 3-4　图表区

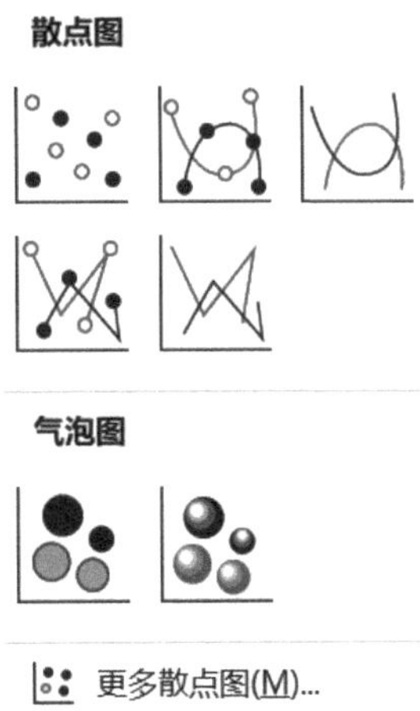

图 3-5　“散点图”下拉列表

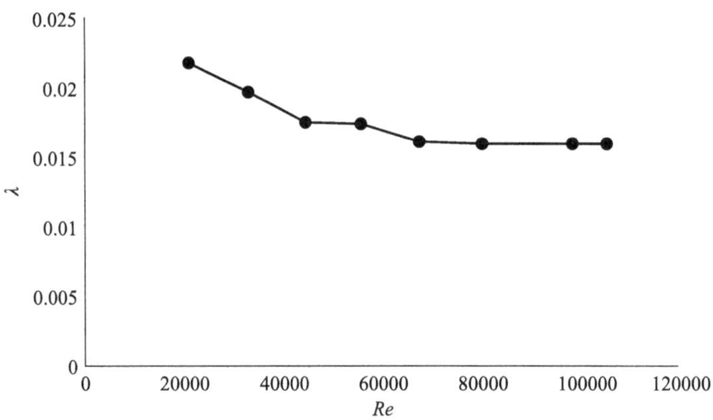

图 3-6　λ-*Re* 的关系曲线

3.3.2　数据拟合

本书后面介绍了使用 Origin 对实验数据进行拟合的方法，但是要对一些实验数据进行简单拟合，则使用 Excel 软件可以更为方便、快速地获得结果。

【例 2】已知过滤常数测定实验数据如表 3-3 所示，以 q 为横坐标，$\Delta\tau/\Delta q$ 为纵坐标绘图，拟合成直线，由直线斜率和截距值求算出 K 和 q_e。

Excel 的操作步骤如下：

① 将实验数据 q 列和 $\Delta\tau/\Delta q$ 列输入 Excel 表中，见图 3-7。

表 3-3　过滤常数测定实验数据

τ	q	$\Delta\tau/\Delta q$
30.65	0.010116	3029.923
60.51	0.017282	3501.395
90.53	0.024016	3769.531
120.48	0.030389	3964.586
150.48	0.036651	4105.807
180.5	0.042439	4253.172
211.72	0.048172	4395.116
240.5	0.053334	4509.328
270.51	0.058649	4612.34
300.48	0.063644	4721.228
330.85	0.068626	4821.072
360.56	0.073315	4917.959
390.53	0.077879	5014.581
420.5	0.082318	5108.265
450.58	0.086798	5191.132

② 选中需要拟合的两列数据，点击功能区的“插入”选项卡，在图表区选择“散点图”，打开下拉列表（图 3-8），选择其中一个命令“仅带数据标记的散点图”，会直接弹出绘制出的图形，如图 3-9 所示。

B	C
q	△τ/△q
0.010116	3029.923
0.017282	3501.395
0.024016	3769.531
0.030389	3964.586
0.036651	4105.807
0.042439	4253.172
0.048172	4395.116
0.053334	4509.328
0.058649	4612.34
0.063644	4721.228
0.068626	4821.072
0.073315	4917.959
0.077879	5014.581
0.082318	5108.265
0.086798	5191.132

图 3-7　数据输入

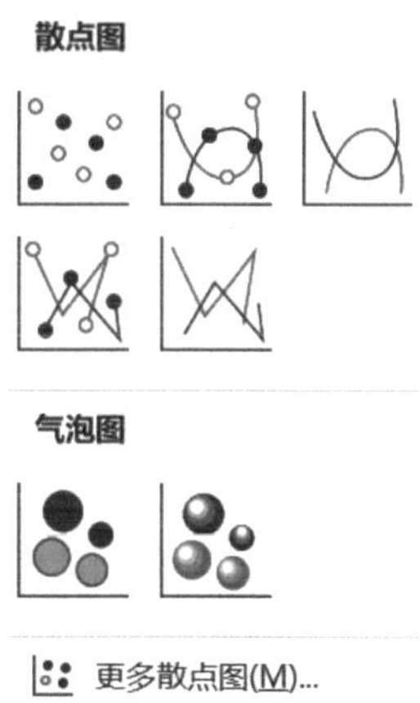

图 3-8　“散点图”下拉列表

③ 在图形界面中选中数据点，点击右键打开右键菜单，点击“添加趋势线”命令，弹出“设置趋势线格式”对话框。本例中根据数据趋势选择“线性”，勾选“显示公式”和“显示 R 平方值”，会自动在图形中添加趋势线和相关公式、决定系数（R），如图 3-10 所示。最终得到的拟合公式和趋势线如图 3-11 所示。

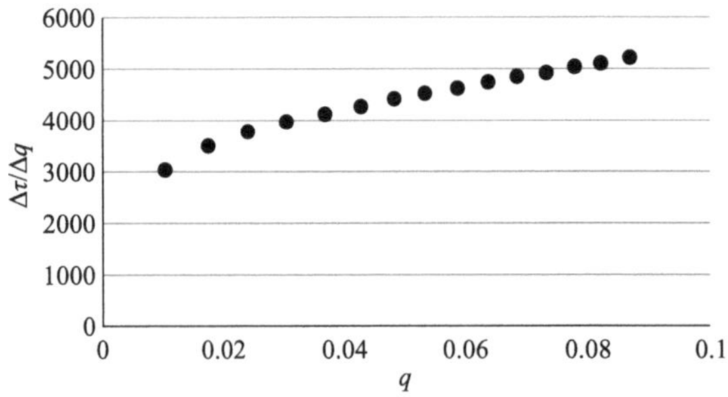

图 3-9　初步绘制的图形

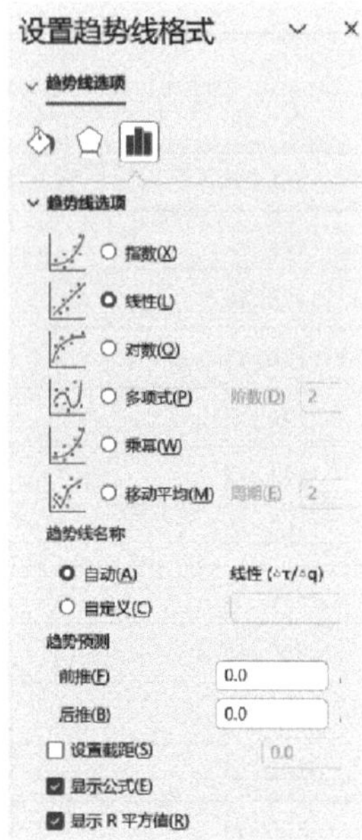

图 3-10　设置趋势线格式

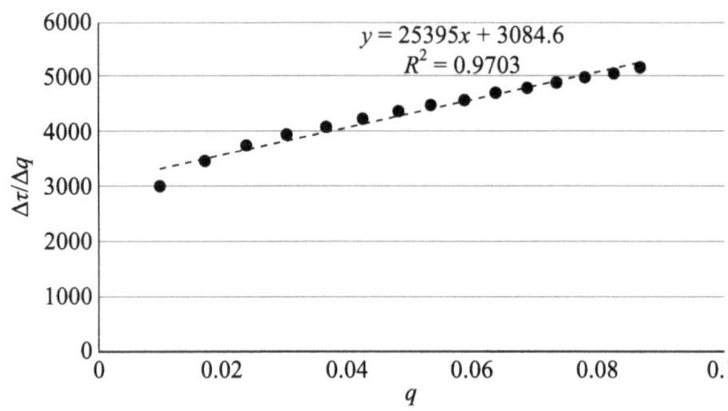

图 3-11　最终得到的拟合结果

其中，当 R 越接近 1 时，表示相关的方程式参考价值越高；相反，越接近 0 时，表示参考价值越低。由于斜率为 $2/K=25395$，故 $K=7.88\times10^{-5}$；截距为 $2q_e/K=3084.6$，得 $q_e=0.1215$。

3.4　Origin 在食品工程原理实验数据处理中的应用

3.4.1　Origin 简介

Origin 是美国 OriginLab 公司研发的专业数据处理和函数绘图软件，由于其功能强大、操作简单、兼容性好，在工程设计和科学研究中得到了广泛的应用。在食品工程中，Origin 可以绘制各种类型的食品工程数据图表，并对实验数据进行拟合等处理，是科研技术人员必须掌握的软件之一。

图 3-12 是 Origin 2024 打开后的初始界面，与大部分 Windows 系统下的软件类似，主要包含菜单栏、工具栏、项目管理器、工作簿窗口等。菜单栏和工具栏主要是各种命令的分类入口和常用命令的快捷方式。项目管理器是对文件夹和工作簿进行分类和管理，上半部是文件夹；下半部是当前文件夹中的工作簿和图形文件的名称。通过工具栏的“新建文件夹”命令可在软件中创建多个文件夹，每个文件夹下可以保存多个工作簿或者图形文件。通过项目管理器可对文件夹和其中的文件进行重命名、移动、复制等处理，操作与 Windows 系统的文件管理方式类似，通过选中目标，进行拖拽移动和打开右键菜单命令操作（图 3-13）。

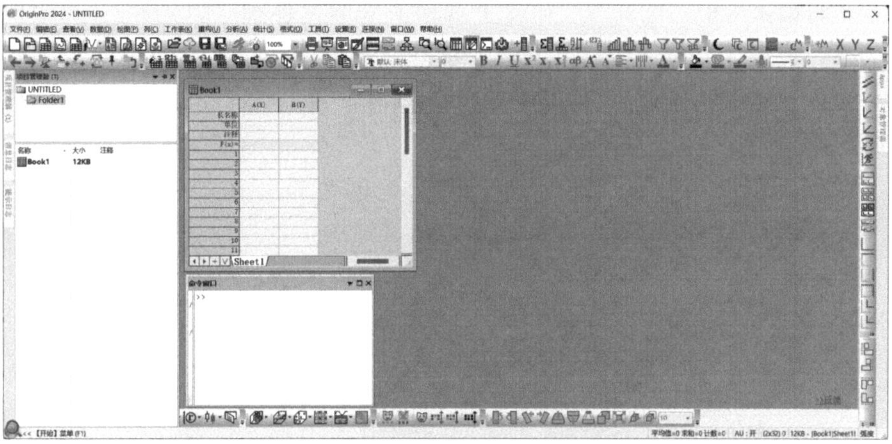

图 3-12　Origin 2024 软件主界面

工作簿（Book1）界面类似于 Excel，使用单元格存储数据；每个工作簿可包含若干个工作表（sheet）(图 3-14)。窗口中可以创建多个工作簿，可通过点击工具栏的快捷命令“新建工作簿”按钮完成。

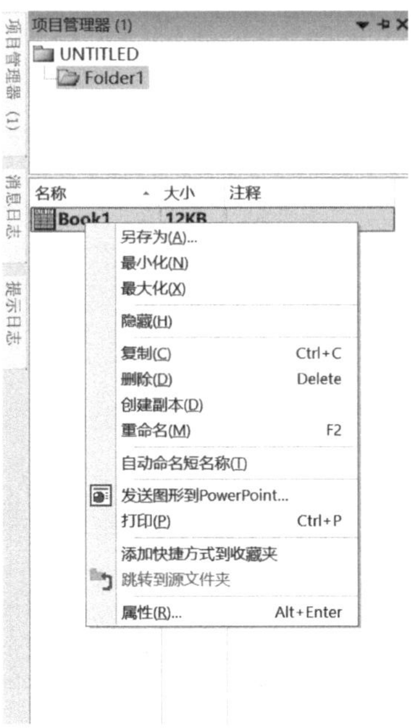

图 3-13　项目管理器窗口

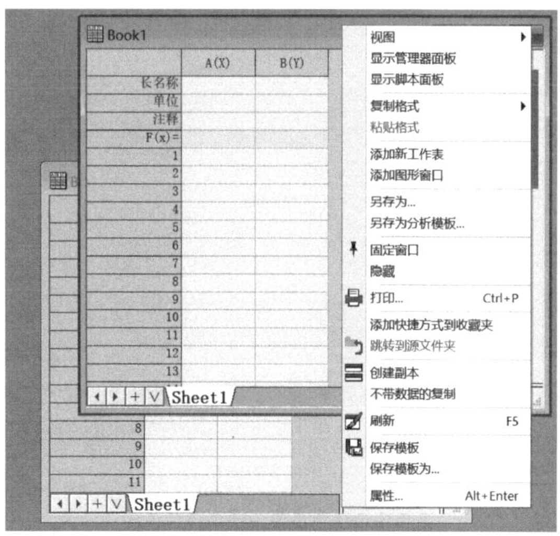

图 3-14　工作簿窗口

Origin工作簿是数据处理的主界面，工作簿中的数据是按照列进行分类和处理的，列的顶部二行不需要输入数据，从上往下依次为名称（long name）、单位（units）、注释（comments），而要注意此处的注释并不在绘制的图中显示。数据列会自动分配名称，如图3-14中A、B列，代表不同列的数据，同时需要注意旁边括号中的X和Y，代表数据的坐标轴（共有X、Y、Z三个轴），相同的轴坐标代表数据是在相同的维度。默认首列数据是X，其他列数据是Y，可以设置多组X轴数据和多组Y轴数据，软件会在轴坐标名称后添加数字以示区分（如Y1、Y2等）。X轴和Y轴之间也可以相互转换，选中需要改变轴坐标的列，点击右键，在右键菜单中“设置为”命令下选择需要的坐标轴（图3-15），点击即可转换。需要注意的是，每列X轴数据可以与多列Y轴数据关联作图，但是Y轴无法同时与多列X轴关联作图，故一般默认将X轴作为绘制图形的横坐标。如需增加新列可如按图3-16～图3-18所示进行操作。

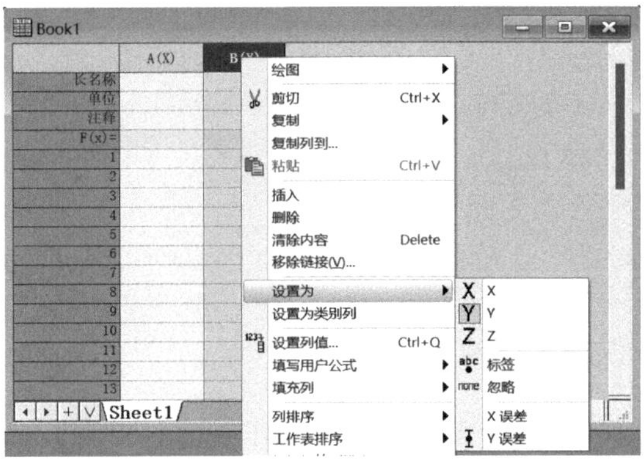

图3-15　设置坐标轴界面

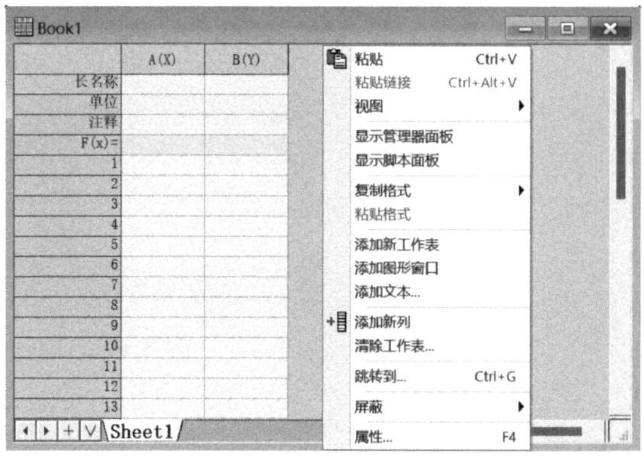

图3-16　工作簿窗口

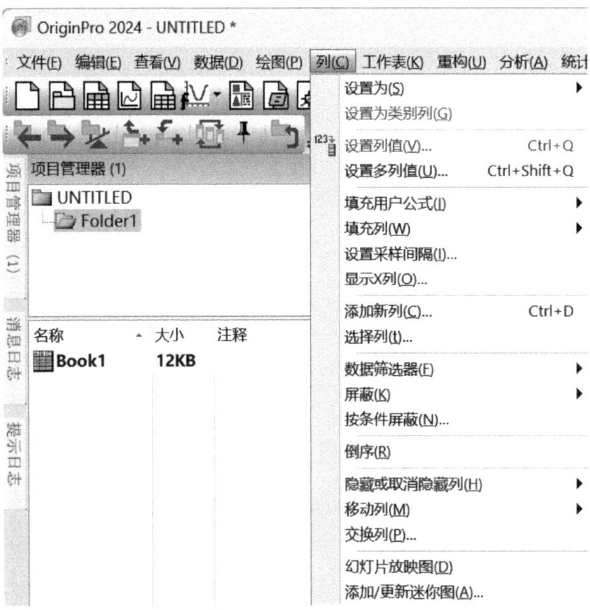

图3-17　“列”下拉菜单

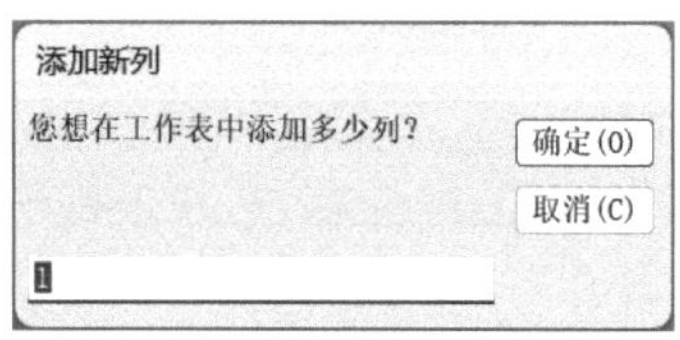

图3-18　“添加新列”对话框

3.4.2 图形绘制

3.4.2.1 单图层绘制

将数据导入 Origin 后，要注意数据列的坐标轴名称，相同名称可认为是同一坐标轴上的数据，一般将横坐标设置为 X，不同坐标轴的数据才可关联作图。当有多组 X 轴、Y 轴数据绘制图形时，要注意对数据的坐标轴进行区分。绘制的图形会在软件界面内以新的图形窗口的形式在最前端显示。

【**例 3**】以不同温度下水和甲醇的饱和蒸气压数据绘图为例说明。

① 将数据文件导入 Origin 的工作簿，如图 3-19 所示。

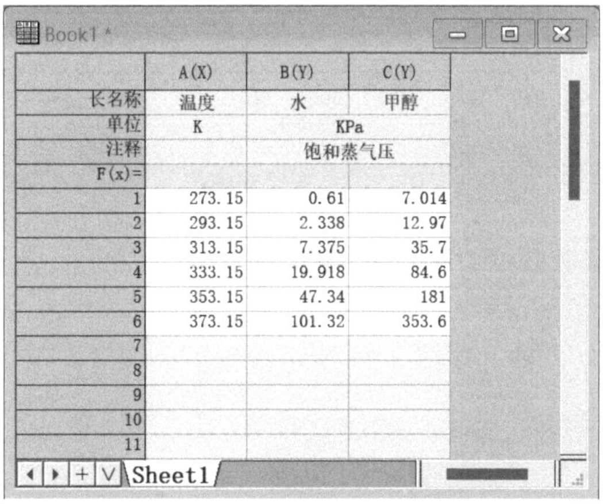

	A(X)	B(Y)	C(Y)
长名称	温度	水	甲醇
单位	K	KPa	
注释		饱和蒸气压	
F(x)=			
1	273.15	0.61	7.014
2	293.15	2.338	12.97
3	313.15	7.375	35.7
4	333.15	19.918	84.6
5	353.15	47.34	181
6	373.15	101.32	353.6
7			
8			
9			
10			
11			

图 3-19 数据导入结果

② 选中需要绘制的图形数据列，注意它们的列坐标轴需不同（例中为 X、Y 列数据），且只能有一列数据为 X 轴，然后点击菜单栏中的“绘图”，在下拉菜单中选择图形样式(图 3-20)，有“散点图”、“折线图”、“点线图”等。一般选择“点线图”作图，得到曲线图形，如图 3-21 所示。

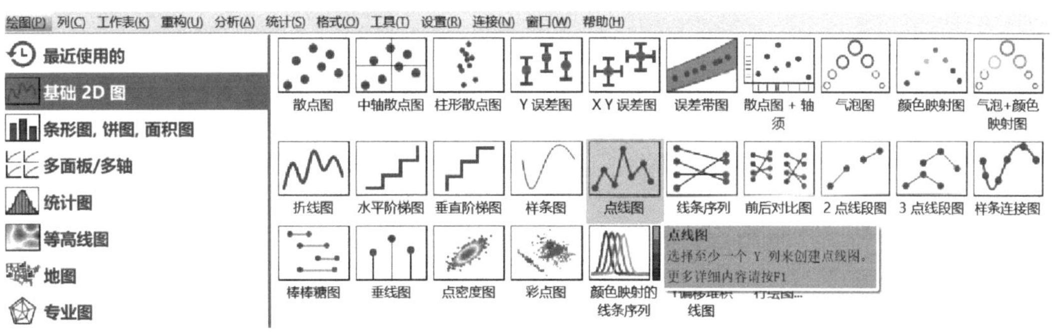

图 3-20 “绘图”下拉菜单

或者也可以点击工作簿下方的图形快捷工具栏的命令来快速绘图，分别对应“折线图”、“散点图”、“点线图”。得到的图形是软件默认输出的，可能不符合实验或者论文的格式要求，关于图形的具体设置将在 3.4.2.3 节介绍。

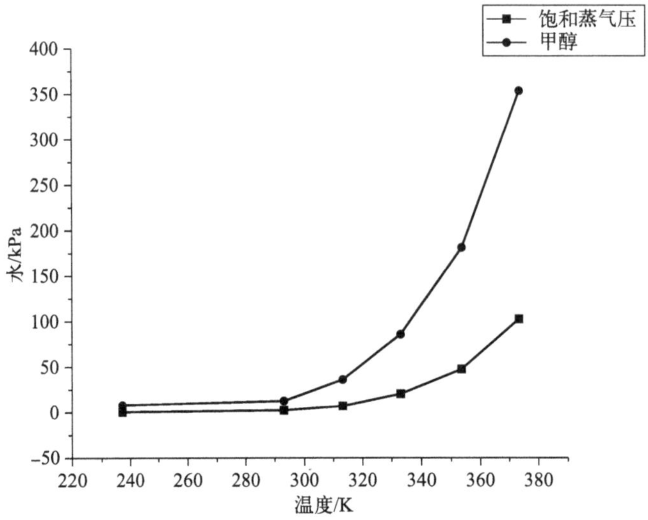

图 3-21　所绘制图形

【例 4】以精馏综合实验数据绘图为例说明。

① 将数据文件导入 Origin 的工作簿，如图 3-22 所示。

② 选中第三列修改为 X 轴，按图 3-23 所示操作。

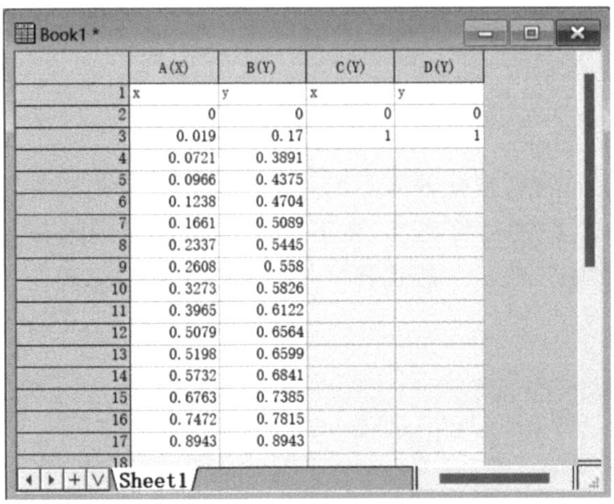

图 3-22　数据导入结果

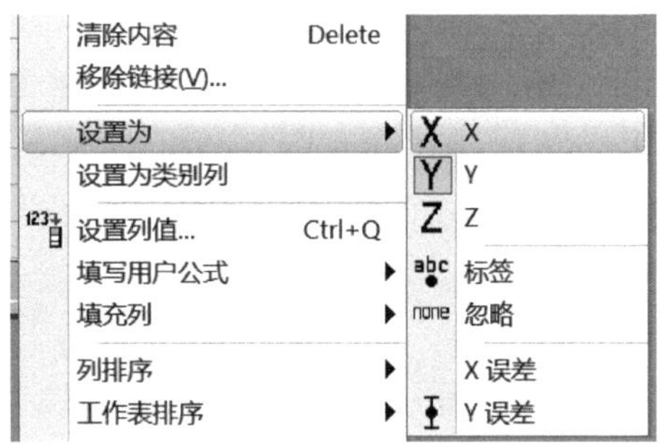

图 3-23　设置第三列坐标轴界面

③ 选中需要绘制图形的数据列，然后点击菜单栏中的“绘图”，在下拉菜单中选择图形样式，选择“点线图”作图，得到曲线图形，如图 3-24 所示，优化后图形如图 3-25 所示。

3.4.2.2　多层图形绘制

在处理数据时，经常会遇到需要在一个图形中绘制多条曲线的情况，但是各曲线的坐标轴范围相差很大或者其数值单位不同时，单层图形就不能满足需要了，这时就需要绘制多层图形。

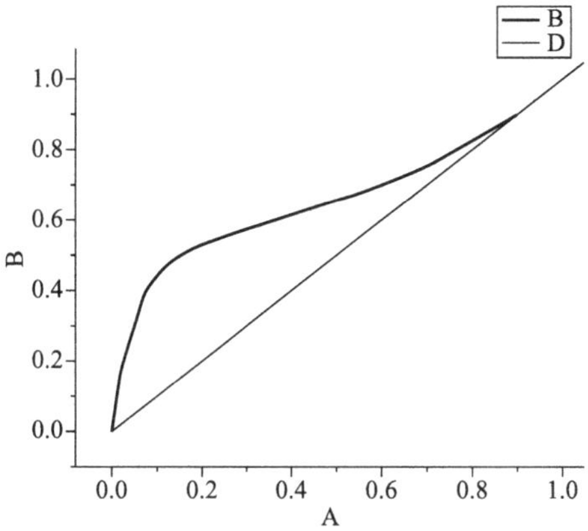

图 3-24　所绘制图形

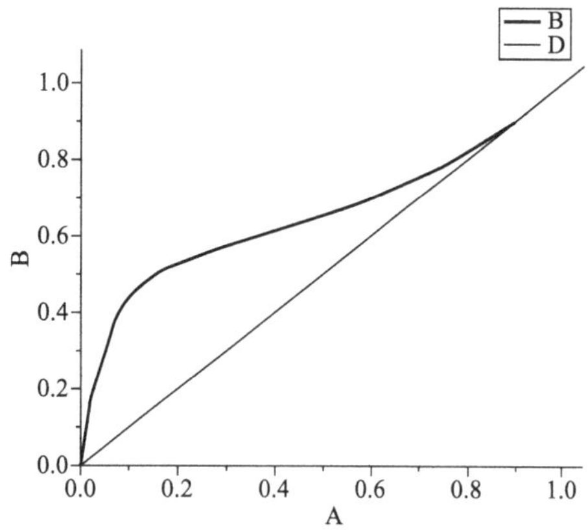

图 3-25　优化后图形

【例 5】将一组离心泵特性曲线测定实验数据绘制成多层图形。

① 将数据文件导入 Origin 工作簿，如图 3-26 所示。流量作为横坐标，扬程和功率作为纵坐标，如果不是，需要手动设置。纵坐标数据单位不同且数值相差很大，为了方便数据的展示，使用双纵坐标绘制成多层图形。

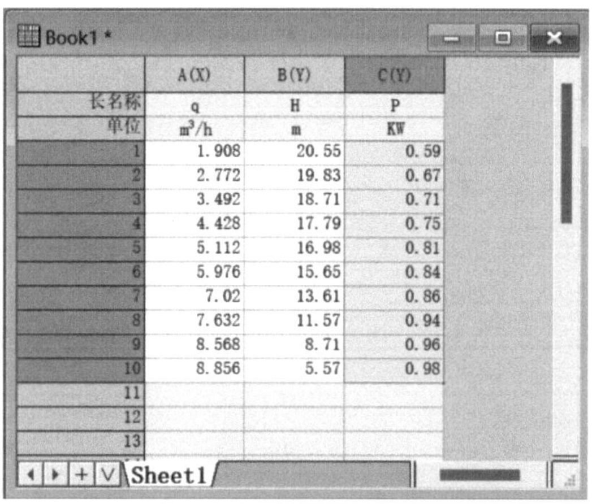

	A(X)	B(Y)	C(Y)
长名称	q	H	P
单位	m³/h	m	KW
1	1.908	20.55	0.59
2	2.772	19.83	0.67
3	3.492	18.71	0.71
4	4.428	17.79	0.75
5	5.112	16.98	0.81
6	5.976	15.65	0.84
7	7.02	13.61	0.86
8	7.632	11.57	0.94
9	8.568	8.71	0.96
10	8.856	5.57	0.98
11			
12			
13			

图 3-26　离心泵实验数据导入结果

② 选中需要绘制图形的数据，然后点击菜单栏中的“绘图”，在下拉菜单中选择“多线图\双 Y 轴”命令（图 3-27）。绘制的图形会在弹出的新的图形窗口展示，两条曲线分别对应左右两个纵坐标，曲线与对应的坐标会使用不同的颜色以示区分（图 3-28）。或者也可以点击工作簿下方的图形快捷工具栏内的快速命令“2Ys Y-Y”。

除了绘制成双纵坐标系的图形之外，Origin 中也可使用菜单栏“多线图”下的“左右对开”“上下对开”等命令可将其绘制成水平并列、垂直并列等形式的图形，方便、清晰地展示数据，如图 3-29、图 3-30 所示。

3.4.2.3　Origin 图形设置及输出

（1）图形设置

Origin 中默认绘制图形的格式一般是不符合科技论文写作规范的，需要对图形格式进行设置，包括坐标轴的设置和图形曲线的设置。

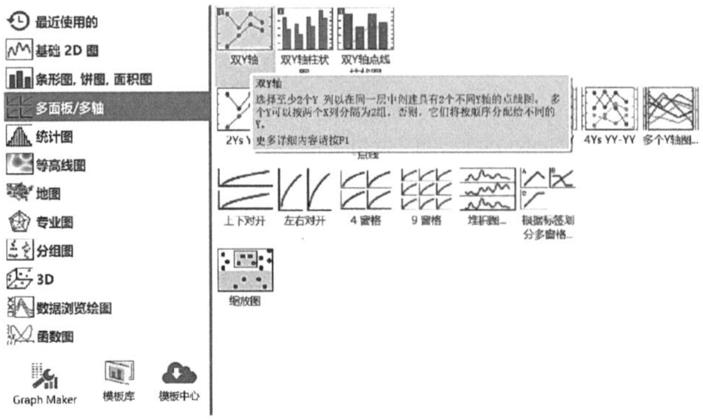

图 3-27 离心泵实验数据图形绘制命令

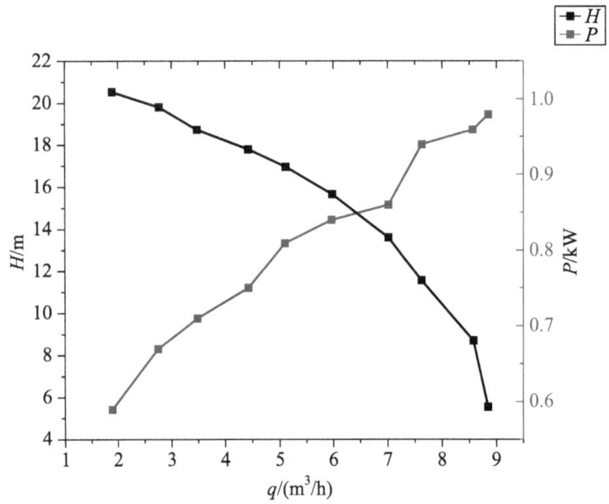

彩图

图 3-28 离心泵实验数据绘制图形

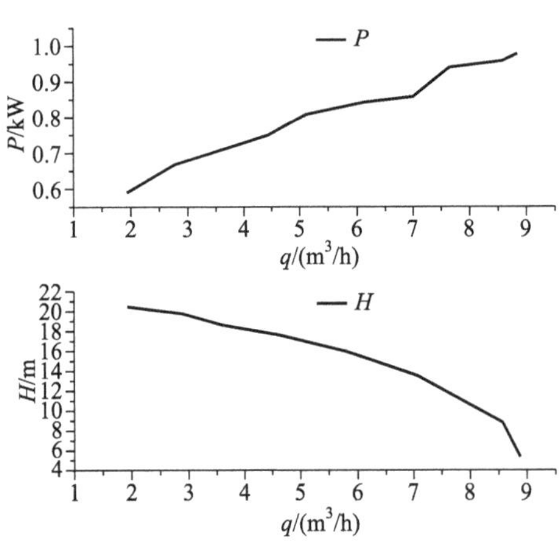

图 3-29 绘制水平并列图形

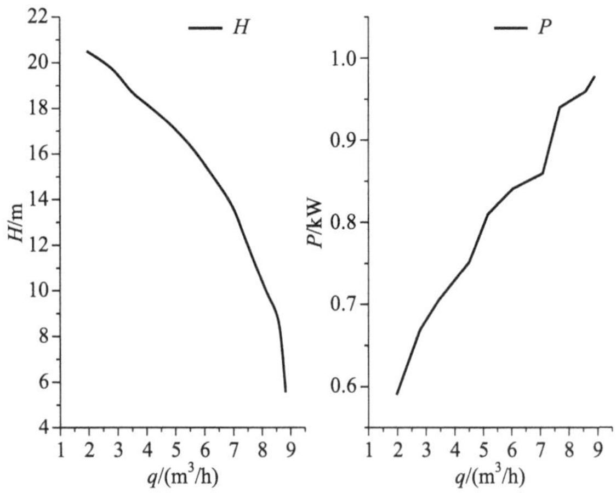

图 3-30 绘制垂直并列图形

Origin 中可以对坐标轴的名称、数值范围、间隔大小、刻度位置等做非常详细地设置。进入坐标轴设置的方法很多，一般直接双击所绘制图形的坐标轴，即可打开坐标轴设置对话框，如图 3-31 所示。对话框中包含“显示”“刻度”“刻度线标签”“标题”“网格”“轴线和刻度线”“特殊刻度线”“参照线”“断点”“轴须”等十个选项卡。下面以前面的不同温度下水和甲醇的饱和蒸气压数据绘制的图形为例说明。

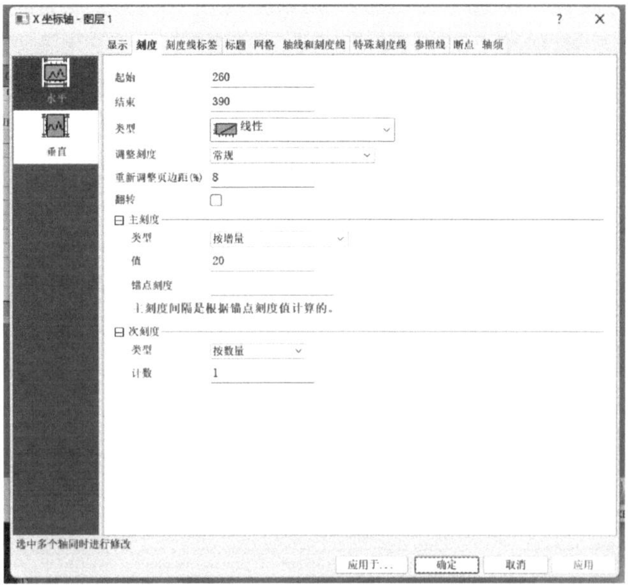

图 3-31 坐标轴设置对话框

① 打开保存的文件，双击坐标轴，打开坐标轴设置对话框（图 3-31），在对话框中可对横坐标轴和纵坐标轴分别进行设置，默认在“刻度”选项卡。“刻度”选项卡下可对坐标轴的范围、间隔、类型等进行设置，左侧“水平”是对横坐标轴进行设置，“垂直”是对纵坐标轴进行设置。本例中，横坐标范围为 260～400，间隔为 20，则在“水平”下设置起始 260，结束 400，增值 20；纵坐标范围为－50～400，间隔为 100，在“垂直”设置起始－50，结束 400，增值 100（图 3-32）。

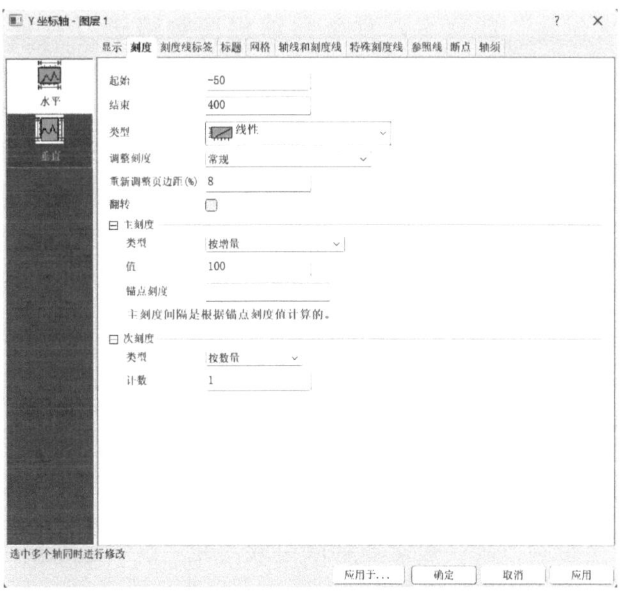

图 3-32 “刻度”设置界面

② 分别切换到“标题”和“轴线和刻度线”选项卡，点击左侧的“下轴”“上轴”“左轴”“右轴”可分别对图形的下、上、左、右四个坐标轴进行设置。在本例中，左侧选择“下轴”对横坐标进行设置，勾选“显示轴线和刻度线”，则在图形上显示对应坐标轴；“标题”内输入“温度/K”改变横坐标名称（也可在图形中直接双击名称进行编辑，更为方便）；“主刻度样式”“副刻度样式”选项选择“朝内”，横坐标的主、副刻度都向上；“颜色”设置坐标轴颜色，选择“黑色”；“粗细”设置坐标轴的粗细程度，一般数值越大坐标轴越粗，这里输入“3”（图 3-33）。纵坐标的设置相类似。对于顶部和右侧的坐标轴，“标题”空白，“主刻度”和“副刻度”均不勾选。

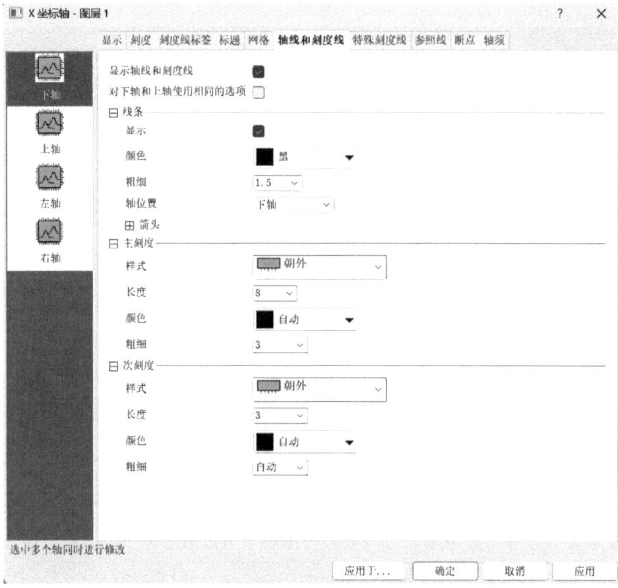

图 3-33 “轴线和刻度线”设置界面

③ 点击“刻度线标签”选项卡，对坐标轴刻度数值进行设置。左侧依然是“下轴”“上轴”“左轴”“右轴”选择“下轴”，勾选“显示”，“类型”选择“数字”，“字体”选择“Times New Roman”“粗体”，“字体大小”选择“30”（图 3-34）。纵坐标设置类似。

④ 点击“确定”，即可查看设置后的效果。最终得到的图形如图 3-35 所示。

（2）数据曲线及数据点的设置

在绘制实验图形时，经常会在一个图形中绘制多条实验曲线，为了对曲线进区分，通常需要使用不同类型的数据点或者不同类型的曲线，这需要对数据曲线和数据点进行设置。双击需要修改的曲线，打开如图 3-36 所示的“绘图细节”对话框，左侧部分树状图可以方便对文件夹内的图形和图形中的若干曲线进行直观地查看，右侧是对曲线进行设置的界面，分为“组”“显示”“线条”“符号”“子集”“组图”“垂直线”“标签”“偏移”“质心”等十个选项卡。默认情况下，图形中的多条曲线或者实验点是相互关联的，即对其中任一部分的设置会对其他的部分产生影响，故一般需要解除关联。在“组”选项卡下“编辑模式”选择“独立”，点击“确定”即可单独对每条曲线和数据点进行设置。

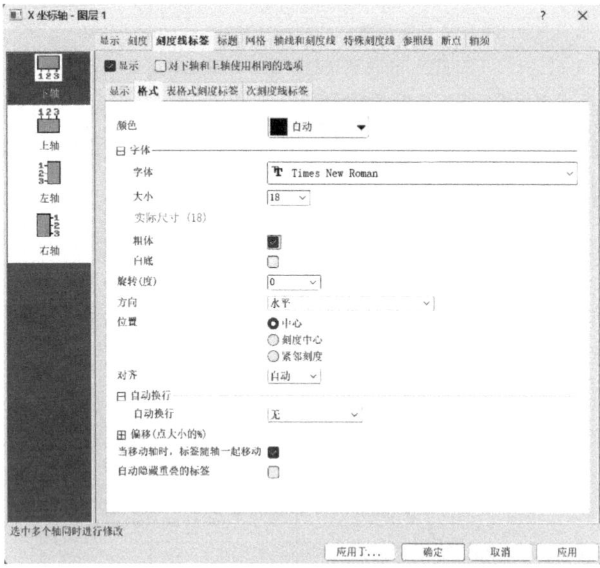

图 3-34 “刻度线标签”设置界面

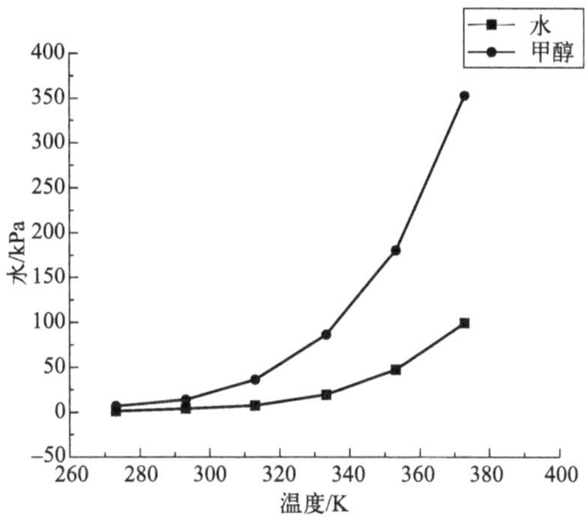

图 3-35 符合规范的图形

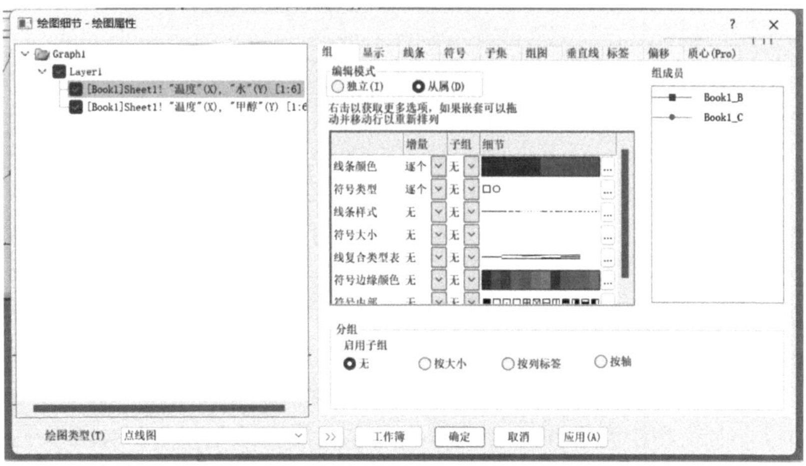

图 3-36 绘图细节设置对话框

3.4.3 数据拟合

在对试验数据处理过程中，除了对数据进行绘制图形外，有时还需要对数据进行拟合处理。Origin 的数据拟合功能强大，使用方便，可以对数据进行多种方式的拟合。

【例 6】 将一组数据进行线性拟合。

① 将数据文件导入 Origin 的工作簿中，选中需要拟合的数据或数据列，先绘制出散点图（图 3-37）。

② 在菜单中选择“分析\拟合\线性拟合”命令（图 3-38），则打开图 3-39 所示“线性拟合”对话框。

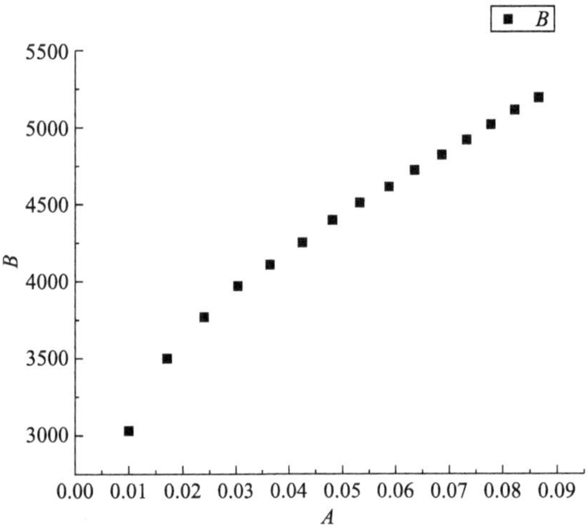

图 3-37 数据散点图

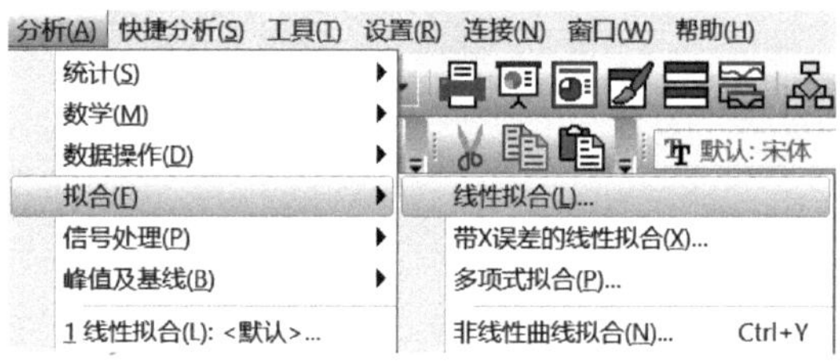

图 3-38 “线性拟合”设置

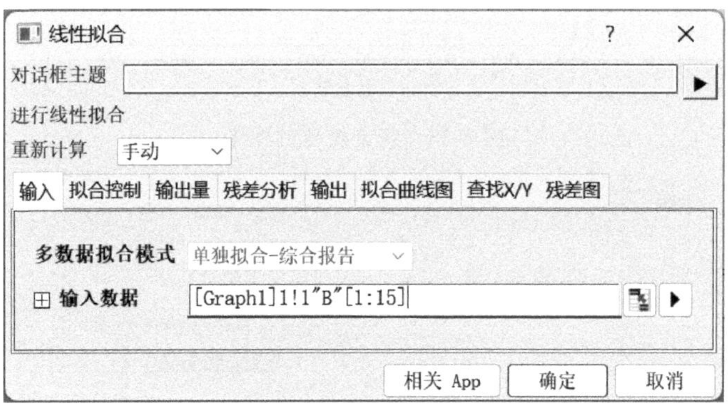

图 3-39 “线性拟合”对话框

一般常用设置是“拟合控制”下设置“固定斜率”或者“固定截距”（图 3-40）；“拟合曲线图”下“曲线的置信度”，默认是 95%（图 3-41）。

③ 本例中对设置没有特殊规定，故均保持默认设置，直接点击“确定”键，Origin 会在图形中添加拟合曲线并在图形和项目管理器中生成拟合结果报告，如图 3-42 所示。拟合的直线斜率是 25395.01，截距是 3084.61。

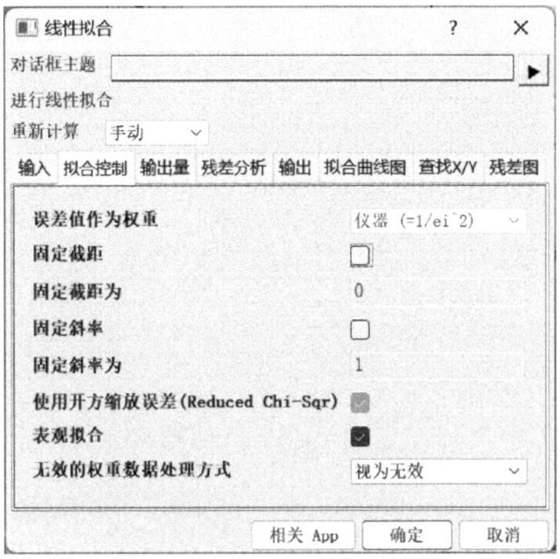

图 3-40　“拟合控制”设置

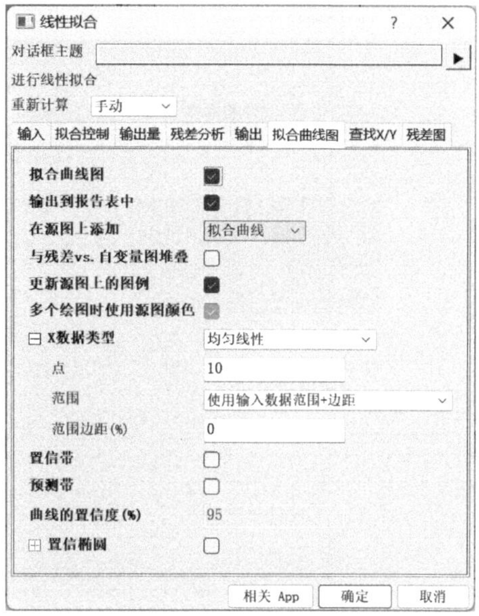

图 3-41　“拟合曲线图”设置

【例 7】将传热实验数据进行幂函数拟合。

① 将文件数据导入 Origin 的工作簿中（图 3-43）。

② 选中需要拟合的数据或数据列，先绘制出散点图（图 3-44）。

③ 在菜单中选择“分析 \ 拟合 \ 非线性曲线拟合 \ 打开对话框”命令，则打开图 3-45 所示幂函数性拟合对话框。一般在弹出的对话框中选择“Function \ ExpDec1”。

④ 选择好函数后，点“拟合”即可。拟合结果如图 3-46 所示。

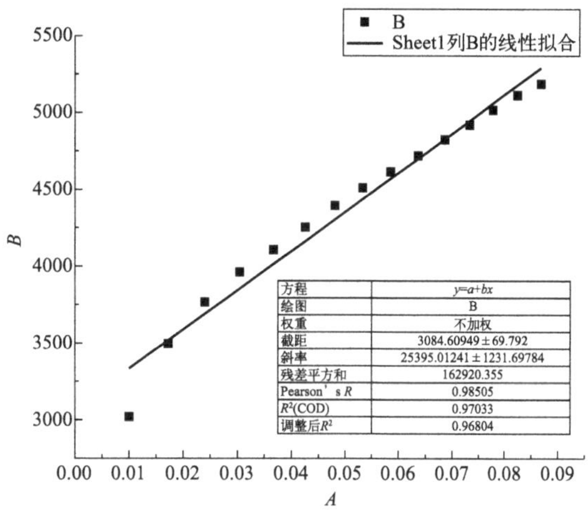

图 3-42　拟合结果

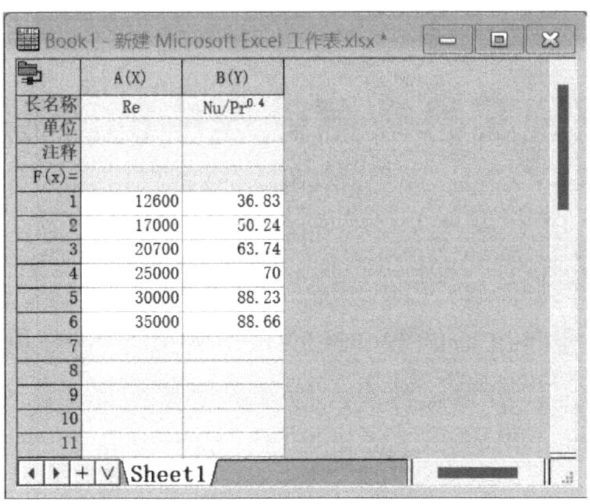

图 3-43　导入反应数据

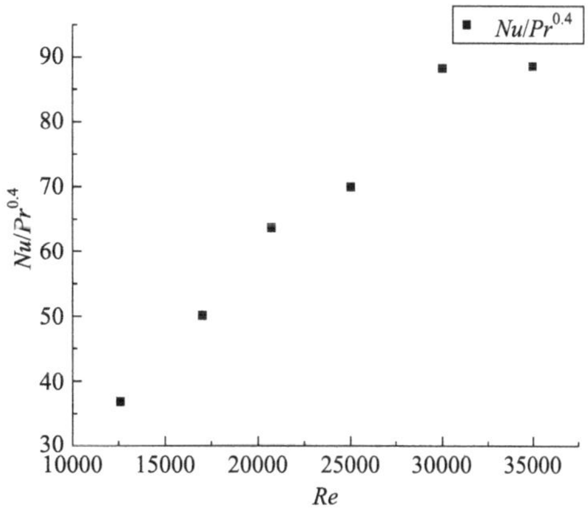

图 3-44　反应数据散点图

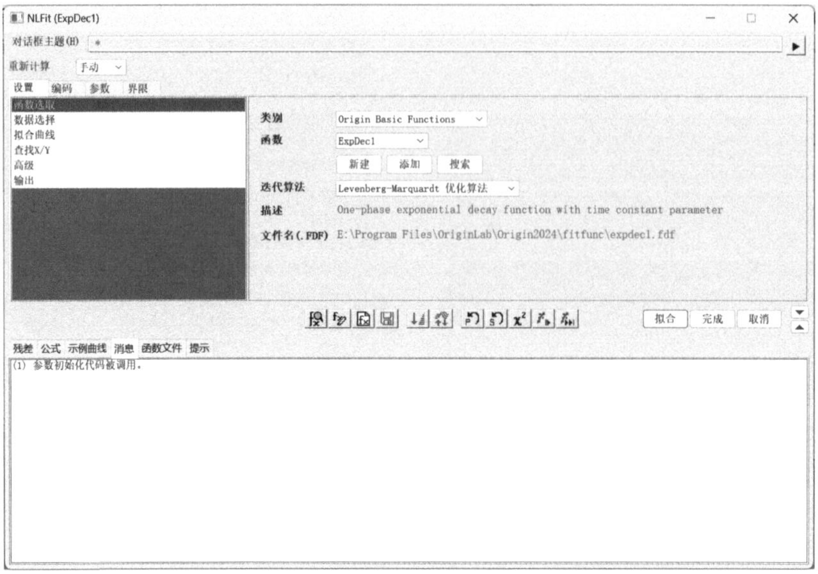

图 3-45 “非线性曲线拟合”对话框

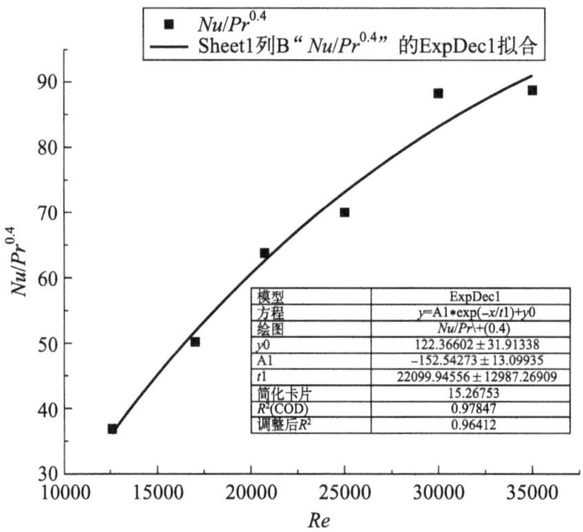

图 3-46 拟合结果

3.5 MATLAB 在食品工程原理实验数据处理中的应用

3.5.1 MATLAB 概述

MATLAB 是美国 Mathworks 公司 1984 年推向市场的数学软件，历经几十年的发展，现已成为国际公认的最优秀的科技应用软件之一。其作为一种强大的科学计算工具，已受到各专业人员的广泛重视。MATLAB 既是一种直观、高效的计算机语言，同时又是一个科学计算平台。根据它提供的数学和工程函数，工程技术人员和科学工作者可以在它的集成环境中完成各自的计算，该软件有如下特点。

（1）编程效率高

它是一种面向科学与工程计算的高级语言，既可以直接调用现存大量的 MATLAB 函数，也允许用数学形式的语言编写程序，接近我们书写计算公式的思维方式。具有程序容易维护、编程效率高、易学易懂等特点。另外，还提供了与其他面向对象的高级语言（如 VC、VB 等）进行混合编程的接口。

（2）用户使用方便

MATLAB 语言灵活、方便，其调试程序手段丰富，调试速度快，需要学习时间少。MATLAB 语言编辑、编译、连接和执行融为一体。它能在同一画面上进行灵活操作，快速排除输入程序中的书写错误、语法错误以至语意错误，从而加快了用户编写、修改和调试程序的速度。MATLAB 语言不仅是一种语言，更是一个语言调试系统。

（3）用途多样

MATLAB 可以进行数值计算和符号运算、数据分析与处理、工程与科学绘图、统计分析、图形界面设计、建模和仿真、信号处理、神经网络、模拟分析、控制系统、弧线分析、最佳化、模糊逻辑、化学计量分析等。

（4）矩阵和数组运算

MATLAB 的核心是有一个对矩阵进行快速解释的程序，可以处理不同类型的向量和矩，像其他高级语言一样规定了矩阵的算术运算符、关系运算符、逻辑运算符、条件运算符及赋值运算符，而且这些运算符大部分可以毫无改变地照搬到数组间的运算。另外，它不需要定义数组的维数，并给出矩阵函数、特殊矩阵专门的库函数，使之在求解如信号处理、建模、系统识别、控制、优化等领域的问题时，显得更简捷、高效、方便。

（5）绘图功能

MATLAB 的绘图十分方便，它有一系列绘图函数，例如线性坐标、对数坐标，半对数坐标及极坐标均只需调用不同的绘图函数，在图上标出图题，X、Y 轴标注，格（栅）绘制也只需调用相应的命令，简单易行。另外，在调用绘图函数时调整自变量可绘出不变颜色的点、线、复线或多重线。这些方面是其他高级编程语言所不及的。

在设计研究单位和工业部门，MATLAB 已经成为研究和解决各种具体工程问题的一种通用软件。本节主要内容包括 MATLAB 的矩阵的创建及基本运算、数据分析与处理、工程与科学绘图、统计分析、曲线拟合与插值方面的知识，以满足食品工程原理实验数据处理的要求。

3.5.2 MATLAB 矩阵的创建及基本运算

MATLAB 的向量和矩阵是 MATLAB 的基本运算单元，是定义在复数基础之上的，在对 MATLAB 的数组和矩阵进行运算之前。首先要创建向量和矩阵。可以通过以下几种形式创建矩阵 $\boldsymbol{P}$。

3.5.2.1 MATLAB 的矩阵的快速创建

（1）直接输入法

输入语句

```
P=[10,20,30,40,50;60,70,80,90,100;110,120,130,140,150]
```

或

```
p=[10,20,30,40,50
  60,70,80,90,100
  110,120,130,140,150]
```

执行结果均为

```
P=10  20  30  40  50
  60  70  80  90  100
  110  120  130  140  150
```

该方法比较适合于较小而简单的数组和矩阵，直接从键盘输入一系列元素生成数组和矩阵。输入要求为：数组和矩阵每行的元素之间必须用空格或逗号隔开；在矩阵中采用分号或回车表示每一行的结束；整个数组和矩阵必须包含在方括弧中。

输入语句为

```
p=[-1.2sqrt(5)(1+3+5)/5*4]   %用任意表达式作元素
```

执行结果为

```
p=-1.2000  2.2361  7.2000
```

输入语句为

```
a=5;b=20/78;
C=[1,12*a+i*b,b;sin(pi/2),a+2*b,3.5+i]
```

执行结果为

```
C=1.0000     60.0000+0.2564i     0.2564
  1.0000     5.5128              3.5000+1.0000i
 %输入复数矩阵
```

（2）在 M 文件中创建

在新建立的 M 文件中创建，如图 3-47 所示，输入语句为

```
p=[10,20,30,40,50;60,70,80,90,100;110,120,130,140,150]
```

图 3-47　在 M 文件中创建矩阵

然后存盘取名为 P. m 文件，再在 MATLAB 工作窗口输入 P，则可显示出 M 文件中定义的矩阵 ***P***。

(3) 利用 MATLAB 提供的函数命令创建

利用 MATLAB 提供的函数命令可以创建和生成矩阵，如表 3-4 所示。

表 3-4 函数命令生成矩阵

函数命令	生成矩阵
zeros(n,m)	%生成 n 行 m 列元素都为 0 的矩阵
ones(n,m)	%生成 n 行 m 列元素在 0～1 之间均匀分布的随机矩阵
rand(n,m)	%生成 n 行 m 列元素为正态随机分布的矩阵
randn(n,m)	%生成 n 行 m 列元素都为 1 的矩阵
eye(n,m)	%生成 n 阶单位矩阵
magic(n,m)	%生成 n 阶魔方矩阵

例如，要创建 2 行 3 列的元素都为 0 的矩阵，输入

```
a = zeros(2,3)
```

执行结果为

```
a = 0  0  0
    0  0  0
```

3.5.2.2 MATLAB 矩阵的运算

MATLAB 矩阵的运算可以分为算术运算、关系运算和逻辑运算，其优先级为算术运算＞关系运算＞逻辑运算。

(1) 算术运算

设有矩阵 ***A*** 和 ***B***，以及常数 p，常见算术运算如表 3-5 所示。

表 3-5 常见的矩阵算术运算类型及描述

运算类型	运算描述
A＋p	%矩阵中每个元素加常数 p
A * p	%矩阵中每个元素乘以常数 p
A＋B	%矩阵 ***A*** 和 ***B*** 相加
A * B	%矩阵 ***A*** 和 ***B*** 相乘
A. * B	%矩阵 ***A*** 和 ***B*** 中对应元素相乘
A. /B	%矩阵 ***A*** 和 ***B*** 中对应元素相除
A. ^B	%矩阵 ***B*** 中每个元素作为 ***A*** 中对应元素幂次

例如，定义矩阵 ***A***、***B*** 和 ***C***。

```
A = [10,20,50;60,70,80];
B = [2,3;4,6;8,9];
C = [5,6,2;1,2,4];
```

则

```
A*B=
     500   600
     1040  1320
A.*C=
      50  120  100
      60  140  320
A./C=
     2.0000   3.3333   25.0000
     60.0000  35.0000  20.0000
```

(2) 关系运算

在进行程序设计时，其中的条件和循环经常用到关系运算符，MATLAB 提供了如下几种关系运算：

<	小于	>	大于
≤	小于或等于	≥	大于或等于
=	等于	≠	不等于

如输入

```
A=[0,20,50;60,70,80];B=[5,6,2;1,2,4];A>B
ans=0  1  1
    1  1  1
```

(3) 逻辑运算

在进行程序设计时，也经常会用到逻辑运算，MATLAB 提供了以下 4 种逻辑运算符：& 与、I 或、～非、XOR 逻辑异或。当表达式为真值时，返回 1，否则返回 0。

输入

```
A=[0  20  2;60  0  80];
B=[1  0  6  ;1  2  4];
A&B
ans=   0  0  1
       1  0  1
A|B
ans=   1  1  1
       1  1  1
~A
ans=   1  0  0
       0  1  0
```

MATLAB 还提供了一些逻辑运算函数，几种常见的函数见表 3-6。

表 3-6 常见的运算函数及定义

运算函数	含义
all(A)	只要向量 **A** 中有一个非 0 元素，结果就为 1，否则结果为 0
any(A)	只有当向量 **A** 中的元素全为 0 时，结果才为 1，否则结果为 0

续表

运算函数	含义
logical(A)	将数字值转换成逻辑值
isefinite(x)	判断向量是否全为空
isletter(x)	对应 x 中英文字母元素的位置取 1，其余元素取 0

3.5.2.3 程序流程控制语句

MATLAB 提供三种控制流结构，分别是 if-else-end 结构和 for 循环、while 循环。这些结构经常包含大量的 MATLAB 命令，这些命令会按照控制流结构语句执行。

(1) if-else-end 结构

一般格式：

if 逻辑表达关系式
　　程序语句
elseif 逻辑表达关系式
　　程序语句
else
　　程序语句
end

以上为具有 3 条路径的 if-elseif-else-end 结构，仅执行逻辑表达关系式为真或非零的一组命令。若表达式为假或零，则执行另一组命令。表达式中"elseif 逻辑表达关系式"根据具体情况设定，数量上没有限制，也可以没有；另外"else 程序语句"也可以省略。

(2) for 循环

一般形式是：

for 循环变量＝初值：步长：终值
　　循环程序语句
end

for 循环让一组命令以预定的次数重复执行。

例如：

```
for n =1 : 2 : 4
        x(n) = cos(n * pi/10)
    end
x = 0.9511
x = 0.9511   0   0.5878
```

注意：尽量使用向量替代 for 循环，可大大提高运算速度。

(3) while 循环

while 循环的一般形式是：

while　条件表达关系式
循环程序语句
end

例如：

```
n=0;r=5
while(0.2+r)>1.5
            r=r/2;
            n=n+1
end
r=5
n=1
n=2
```

3.5.3 数据计算与图像处理

MATLAB 的核心是有一个对矩阵进行快速解释的程序，可以处理不同类型的向量和矩阵，能很容易地对数据集合进行统计分析，可以把数据集存储在矩阵的列里面，可以对数据进行统计和分析处理。MATLAB 作为科学工程计算工具，在该方面的功能是非常强大的。MATLAB 自带的常用数学基本函数、数据统计分析函数和绘图函数，为进行实验测试数据的计算、统计和分析提供了快捷的途径。

3.5.3.1 常用数学函数

MATLAB 常用数学函数可以实现数据的快速计算，具体见表 3-7～表 3-9。

表 3-7 三角函数和双曲函数

名称	含义	名称	含义	名称	含义
sin	正弦	csc	余割	atanh	反双曲正切
cos	余弦	asec	反正割	acoth	反双曲余切
tan	正切	acsc	反余割	sech	双曲正割
cot	余切	sinh	双曲正弦	csch	双曲余割
asin	反正弦	cosh	双曲余弦	asech	反双曲正割
acos	反余弦	tanh	双曲正切	acsch	反双曲余割
stan	反正切	coth	双曲余切		

表 3-8 指数函数

名称	含义	名称	含义	名称	含义
exp	e 为底的指数	log10	10 为底的对数	pow2	2 的幂
log	自然对数	log2	2 为底的对数	sqrt	平方根

表 3-9 矩阵变换函数

名称	含义	名称	含义
fiplr	矩阵左右翻转	ding	产生或提取对角阵
fipud	矩阵上下翻转	tril	产生下三角
fipdim	矩阵特定维翻转	triu	产生上三角
Rot90	矩阵反时针 90°翻转		

3.5.3.2 数据统计函数

MATLAB 的数据分析是按面向列矩阵而进行的，不同的变量存储在各列中，而每行表示每个变量的不同观察值，很多数据可以通过 MATLAB 统计函数快速实现，具体见表 3-10。

表 3-10 数据统计函数

名称	含义	名称	含义
correoef(x)	求相关系数	diff(x)	计算元素之间的差
cov(x)	协方差矩阵	dot(x,y)	向量的点积
cplxpair(x)	把向量分为复共轭对	gradient(Z,dx,dy)	近似梯度
cross(x,y)	向量积	histogram(x)	直方图和棒图
cumprod(x)	列累计积	max(x)	最大分量
cumsum(x)	列累计和	mean(x)	均值或列的平均值
del2(A)	五点离散拉氏算子	sort(x)	按升序排列
min(x)	最小分量	std(x)	列的标准偏差
median(x)	列的中值	subspace(A,B)	两个子空间之间的夹角
norm	欧氏(Euclidean)长度	sum(x)	各列元素之和
length	个数	rand(x)	均匀分布随机数
prod(x)	列元素的积	randn(x)	正态分布随机数

3.5.3.3 常用绘图函数

常用绘图函数、绘图坐标及基本线型和颜色符号见表 3-11～表 3-13。

表 3-11 常用绘图函数

常用绘图函数	含义
plot(x,y,'・')	在二维坐标绘制函数曲线图
plot(x1,y1,x2,y2,…)	在同一二维坐标绘制函数多条曲线图
fplot(y,[a,b])	连续函数 y 在区间 $[a,b]$ 上绘制曲线图
plotyy(X,Y,X,Y,'function1','function2')	把函数值具有不同量纲，不同数量级的两个函数绘制在同一坐标中
subplot(m,n,p)	分块绘图，分割成 m 行 n 列，第 p 个图
polar(t,r)	用极坐标绘制曲线图
hold on(off)	保持（删除）当前图形
grid on(off)	在当前图形中添加（去掉）网格
zoom on(off)	允许（不允许）图形缩放
clf	删除图形
fill	填充二维坐标中的二维图形
patch	填充二维或三维坐标中的二维图形
axis([xmin,xmax,ymin,ymax])	确定坐标系范围
axis('equal')	各坐标轴刻度增量相同
ginput(n)	用鼠标获取图形中的 n 个点的坐标
[x,y,z]=meshgrid(x,y,z)	三维网格坐标的生成

表 3-12 绘图标注命令

绘图标注命令	含义
xlable('x 轴')	在 X 轴加标志 "x 轴"
ylable('y 轴')	在 Y 轴加标志 "y 轴"
zlable('z 轴')	在 Z 轴加标志 "z 轴"
Legend('y=f(x)')	为图形添加注解
title(f 曲线图)	加图名 "f 曲线图"
text(x,y,'文本')	在指定的位置添加文本
getext('文本')	用鼠标在图形上放置文本

表 3-13 基本线型和颜色符号

符号	含义	符号	含义
y	黄色	-	实线
m	紫色	:	点线
e	青色	-·	点划线
r	红色	--	虚线
g	绿色		
b	蓝色		
w	白色		
k	黑色		

3.5.3.4 平面二维曲线图形的绘制

plot 命令格式绘图。

【例 8】 输入程序

```
t = 0:0.02:6;      % 以步长 0.02 取点
y = sin(t);
plot(t,y);
```

以上程序可绘制 $0<t<6$ 时，函数 $y=\sin(t)$ 曲线图。执行命令，自动绘图如图 3-48 所示。

若继续输入程序

```
hold on
Y = sin(5 * t);
Plot(t,Y,'g');
```

以上程序是保持原来图形不变，并在该窗口上再绘制其他曲线图，而 plot(x1,y1,x2,y2,…) 是同时在同一窗口绘制多条曲线，其中颜色选项参数 "g" 表示绿色。执行命令，绘图如图 3-49 所示。

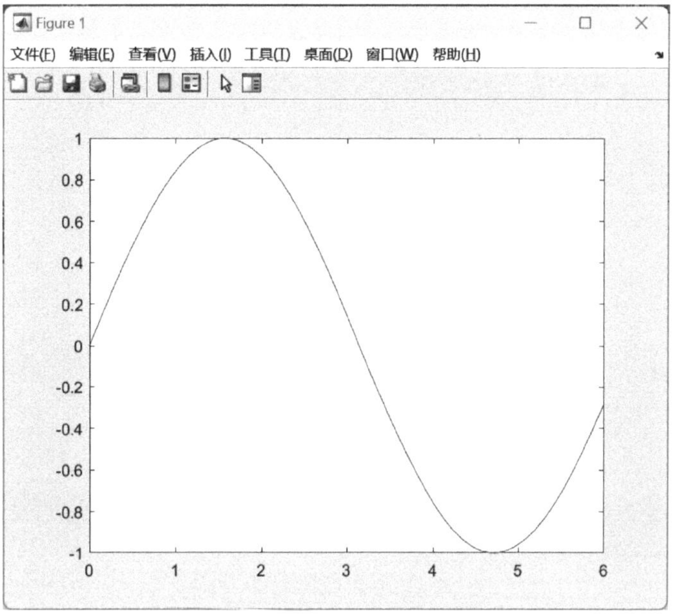

图 3-48　$y=\sin(t)$ 曲线图

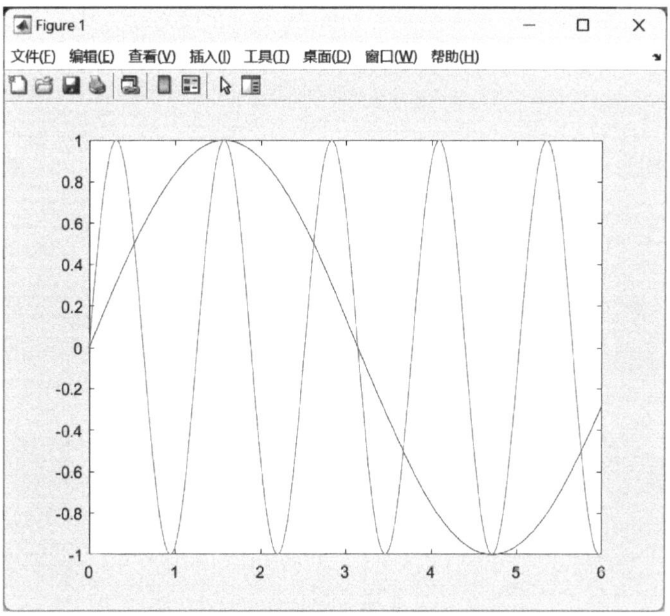

彩图

图 3-49　$y=\sin(5t)$ 和 $y=\sin(t)$ 曲线图

若再继续输入

```
Xlabel('输入自变量');
Ylabel('函数值');
Title('这是一个函数曲线图');
```

以上程序是进行 x 轴注解和 y 轴注解及图形标题。执行命令，绘图如图 3-50 所示。

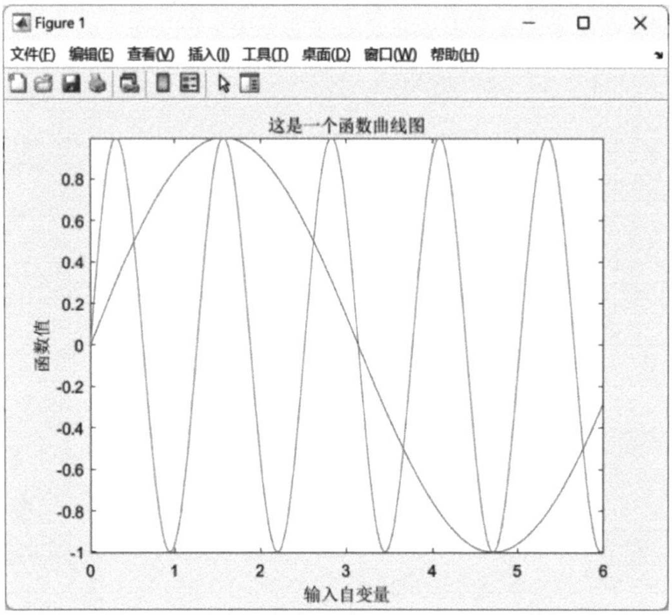

彩图

图 3-50　对 x 轴和 y 轴注解并显示图形标题

若再继续输入

```
Legend('y = sin(t)')
grid on
```

以上程序是为图形添加注解与显示格线。执行命令，绘图如图 3-51 所示。

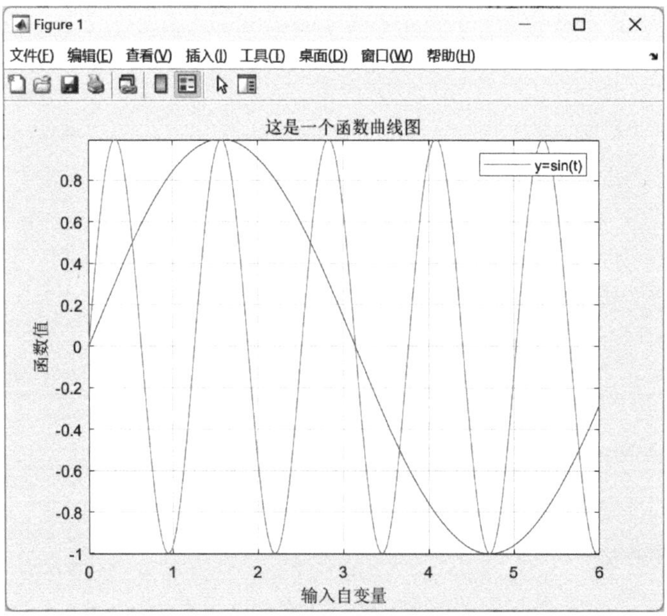

彩图

图 3-51　为图形添加注解与显示格线

【例 9】 若输入命令

```
t=0:0.02:6;
y=sin(t);
plot(t,y,'r:')
axis([0,5,-1,1])
```

以上程序是用 axis([xmin,xmax,ymin,ymax]) 函数来调整图轴的范围。执行命令，绘图如图 3-52 所示。

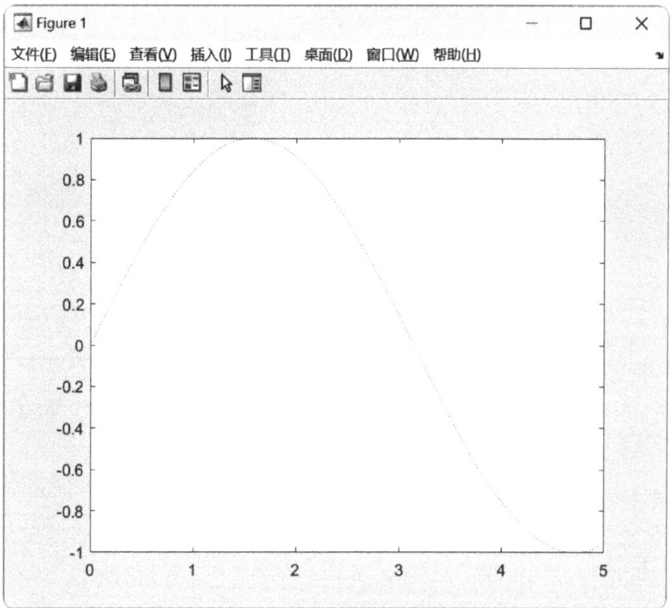

图 3-52　用 axis（[xmin，xmax，ymin，ymax]）函数来调整图轴范围

若再继续输入

```
fill(t,y,'b');
```

以上程序是填充二维坐标中的二维图形。执行命令，绘图如图 3-53 所示。

【例 10】 若输入命令

```
subplot(2,2,1);
x=0:0.02:5;
plot(x,sin(x));
```

以上程序是分块绘图，分割成 2 行 2 列，得到第 1 个图。执行命令，绘图如图 3-54 所示。

若继续输入命令

```
subplot(2,3,4);plot(x,cosh(x));
```

以上程序是分割成 2 行 3 列图，在上图基础上得到第 4 个图。执行命令，绘图如图 3-55 所示。

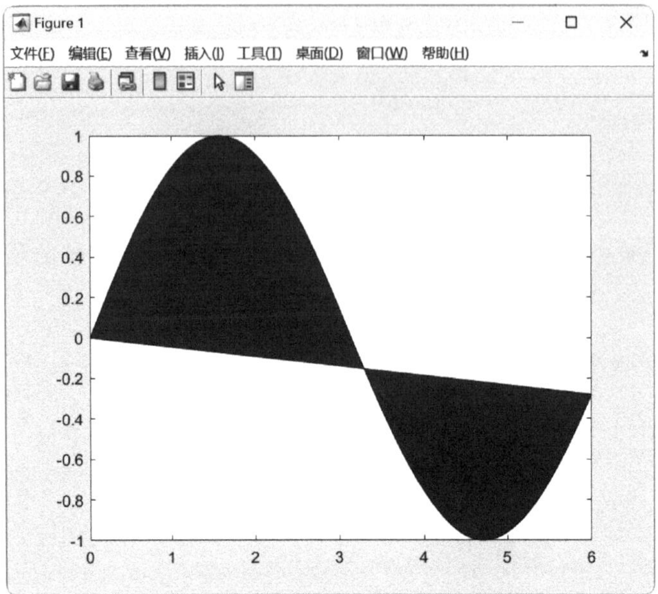

图 3-53　填充二维坐标中的二维图形

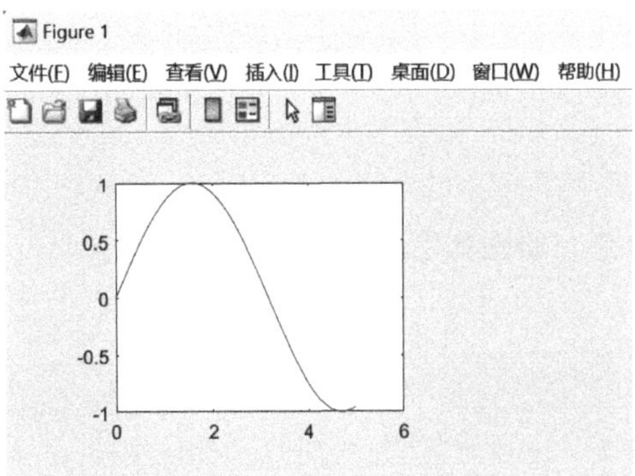

图 3-54　绘制成 2 行 2 列图

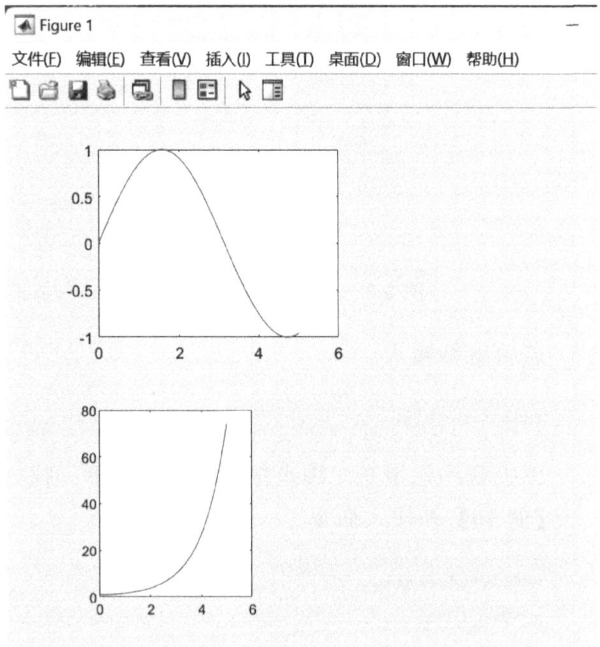

图 3-55　绘制成 2 行 3 列图

3.5.3.5　曲线拟合与插值

（1）多项式与插值

① 多项式表达方式。在 MATLAB 工作环境中用按降幂排列的多项式系数构成行向量表示多项式，如 $p(x)=x^3-2*x-1$ 表示为

```
p=[3  0  -2  -1];
```

该多项式的根可以用函数 r=roots(p) 求解，执行该命令后得

```
r=
   1.0000
   -0.5000+0.2887i
   -0.5000-0.2887i
```

可以看出其解是定义在复数范围的。

② 多项式插值。多项式插值就是利用已知的数据中，估计其他点的函数值。

其中一维插值函数为 yi=interp1(x,y,xi,method)。其中，x 是坐标向量；y 是数据向量；xi 是待估计点向量。

二维插值函数为 yi=interp2(x,y,xi,yi,method)。其中 x、y、z 为已知数据，且 z=z(x,y)，而 xi、yi 为要插值的数据点。

另外 method 是插值方法，通常有以下几种。

a. nearest 寻找最近数据点，由其得出函数值。

b. linear 线性插值（该函数的默认方法）。

c. spline 样条插值，数据点处光滑（左导等于右导）。

d. cubic 三次插值。

后面的方法得出的数值比前面的精确，但需更多的内存及计算时间。还有三维、n 维插值函数。在食品工程原理实验测试数据处理中，一维和二维函数插值已能满足要求。

例如输入

```
x=[0  1  2  3  4  5];
y=[0  20  60  68  77  110];
y1=interp1(x,y,2.6)
```

执行命令得

```
y1=
    64.8000
```

若输入

```
y1=interp1(x,y,2.6,'spline')
y1=
    67.3013
```

又如输入

```
d(:,1)=[0  1  2  3  4]';
d(:,2)=[2000 20 60 68 77]';
d(:,3)=[3000  110  180  240  310]';
d(:,4)=[4000  176  220  349  450]';
t=d(2:5,1);
p=d(1,2:4);
temp=d(2:5,2:4);
temp_i=interp2(p,t,temp,2500,2.6)   %以线形内插计算 p=2500,t=2.6 的值
```

执行命令得

```
temp_i =
        140.4000
```

（2）曲线拟合

根据已知一组自变量和函数，应用最小二乘法，可以求出多项式的拟合曲线，利用函数 polyfit(x,y,n) 可以实现，其中 n 为多项式的最高次幂。可以获取多项式系数，再利用 ployval(x,y) 函数估计 x 处相应多项式函数值。

例如输入

```
x = [0  0.126  0.188  0.210  0.358  0.461  0.546  0.600  0.663  0.884  1.0];
y = [0  0.240  0.318  0.349  0.550  0.650  0.711  0.760  0.799  0.914  1.0];
p = polyfit(x,y,2)
```

执行命令得

```
p = -0.7200  1.6693  0.0247
```

可得到拟合曲线方程为 $y=-0.7200x^2+1.6693x+0.0247$。

继续输入

```
plot(x,y);
title('y = -0.7200x^2 + 1.6693x + 0.0247');
```

执行命令，获取拟合曲线如图 3-56 所示。

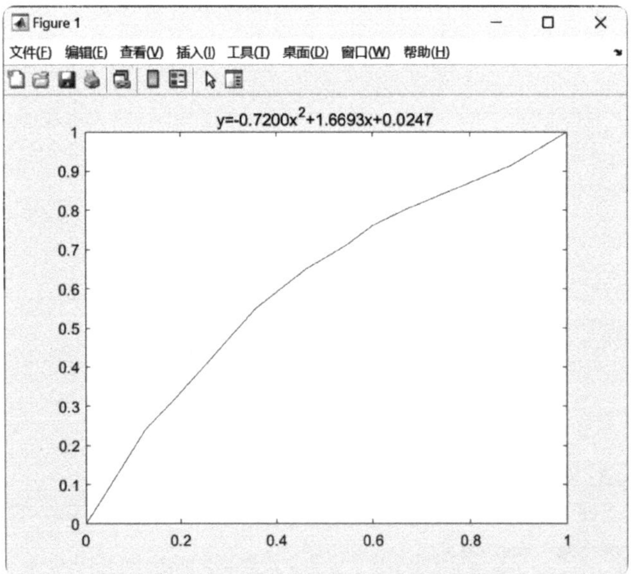

图 3-56 polyfit(x,y,n) 函数拟合曲线

继续输入

```
pp = polyval(p,x);
```

执行命令得

```
pp = Columns 1 through 7
       0.0247  0.2236  0.3130  0.3435  0.5300  0.6412  0.7215
Columns 8 through 11
       0.7670  0.8149  0.9377  0.9740
```

【例 11】已知离心泵性能测试数据如表 3-14 所示。

表 3-14 离心泵性能测试数据表

序号	涡轮流量计/Hz	入口压力 p_1/MPa	出口压力 p_2/MPa	电机功率/kW	流量 Q /(m^3/h)	压头 H /m	泵轴功率 N/kW	泵的效率 η/%
1	192	0.014	0.08	0.76				
2	172	0.011	0.105	0.76				
3	158	0.01	0.115	0.75				
4	139	0.008	0.13	0.72				
5	121	0.005	0.145	0.69				
6	95	0.004	0.16	0.63				
7	72	0	0.17	0.58				
8	58	0	0.176	0.54				
9	37	0	0.185	0.48				
10	14	0	0.19	0.42				
11	0	0	0.197	0.39				

注：液体温度 17.5℃，液体密度 ρ=1000.8kg/m^3，泵进出口高度 0.18m，仪表常数 77.902，电机效率 0.60。

试用 MATLAB 进行数据处理，计算各空格内相应数据，并绘制出离心泵特性曲线图，计算程序如表 3-15 所示。

表 3-15 基于 MATLAB 的离心泵特性曲线数据计算程序

计算程序	含义
wolu=[192 172 158 139 121 95 72 58 37 14 0];	%涡轮流量计读数
rkp=[0.014 0.011 0.01 0.008 0.005 0.004 0 0 0 0 0];	%入口压力
ckp=[0.08 0.105 0.115 0.13 0.145 0.16 0.17 0.176 0.185 0.19 0.197];	%出口压力
djgl=[0.76 0.76 0.75 0.72 0.69 0.63 0.58 0.54 0.48 0.42 0.39];	%电机功率
k=77.902;h=0.18;ρ=998.2;g=9.81;	%已知相关参数
djxl=0.6;	%电机效率
Vs=3.6 * wolu/k;	%计算流量
Q=Vs	
H=h+(rkp+ckp) * 10^6/(ρ * g)	%计算压头
N=djxl * djgl	%计算泵的轴功率
Ne=diag(H) * Q' * 1000/(3600 * 102)	%计算泵有效功率
η=Ne'./N	%计算泵的效率

续表

计算程序	含义
plot(Q,N)	
gtext('Q-N 曲线')	
hold on	
xlabel('Q')	
text(-1,0.55,'N,η');	
text(Q(1)+0.5,0.55,'H');	
plotyy(Q,η,Q,H)	
gtext('Q-η 曲线')	
gtext('Q-H 曲线')	
gtext('离心泵特性曲线图')	
hold off	
grid on	

执行命令后得到离心泵性能测定数据处理结果，见表 3-16。

表 3-16　离心泵性能测定数据计算结果

序号	涡轮流量计/Hz	入口压力 p_1/MPa	出口压力 p_2/MPa	电机功率/kW	流量 Q /(m^3/h)	压头 H /m	泵轴功率 N/kW	泵的效率 η/%
1	192	0.014	0.08	0.76	8.8727	9.7793	0.4560	51.82
2	172	0.011	0.105	0.76	7.9484	12.0260	0.4560	57.09
3	158	0.01	0.115	0.75	7.3015	12.9451	0.4500	57.20
4	139	0.008	0.13	0.72	6.4235	14.2726	0.4320	57.79
5	121	0.005	0.145	0.69	5.5916	15.4981	0.4140	57.01
6	95	0.004	0.16	0.63	4.3901	16.9278	0.3780	53.54
7	72	0	0.17	0.58	3.3273	17.5405	0.3480	45.67
8	58	0	0.176	0.54	2.6803	18.1532	0.3240	40.90
9	37	0	0.185	0.48	1.7098	19.0723	0.2880	30.84
10	14	0	0.19	0.42	0.6470	19.5829	0.2520	13.69
11	0	0	0.197	0.39	0	20.2978	0.2340	0.0

注：液体温度 17.5℃，液体密度 ρ=1000.8kg/m^3，泵进出口高度 0.18m，仪表常数 77.902，电机效率 0.60。

离心泵特性曲线如图 3-57 所示。

【例 12】 在一定压强差情况下对某种悬浮液进行过滤实验，其记录数据见表 3-17。

表 3-17　恒压过滤实验数据

$q\times10^3$/(m^3/m^2)	$\Delta q\times10^3$/(m^3/m^2)	θ/s	$\Delta\theta$/s	($\Delta\theta/\Delta q$) $\times10^{-1}$/(s/m)
0		0		
11.35		17.3		
22.70		41.4		

续表

$q\times10^{3}/(m^{3}/m^{2})$	$\Delta q\times10^{3}/(m^{3}/m^{2})$	θ/s	$\Delta\theta$/s	$(\Delta\theta/\Delta q)\times10^{-1}$/(s/m)
34.05		72		
45.40		108.4		
56.75		152.3		
68.10		201.6		

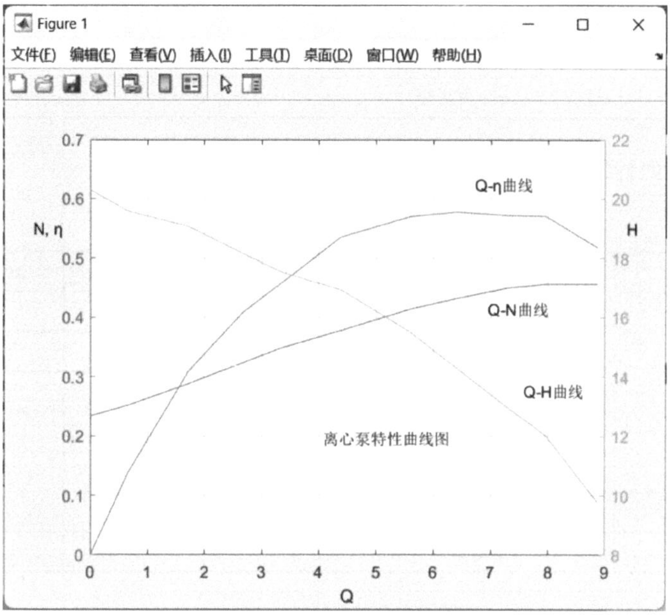

图 3-57 离心泵特性曲线

试用 MATLAB 进行数据处理，计算各空格内相应数据，绘制过滤方程曲线，并求出过滤常数 K、q_e 和 θ_e，计算程序如表 3-18 所示。

表 3-18 基于 MATLAB 的过滤常数计算程序

计算程序	含义
q=[0 11.35 22.70 34.05 45.40 56.75 68.10]	%输入记录数据
q=q/1000	%计算实际滤液量
θ=[0 17.3 41.4 72 108.4 152.3 201.6]	
m−size(q)	
n=1 for n=1：1：m(2)−1	
Δq(n)=q(n+1)−q(n)	%计算各段时间间隔的滤液量
Δθ(n)=θ(n+1)−θ(n)	%计算各段时间间隔
θq(n)=Δθ(n)/Δq(n)	
qq(n)=(q(n+1)+q(n))/2	
end	
p=polyfit(qq,θq,1)	%曲线拟合

续表

计算程序	含义
x=0 : 0.01 : qq(n)	
y=p(1) * x+p(2)	
plot(x,y)	%绘制过滤方程曲线
K=2/p(1)	%求过滤常数 K、q_e 和 θ_e
qe=p(2) * K/2	
θe=qe^2/K	
grid on	
gtext('恒压过滤 Δθ/Δq-q 关系线')	

执行命令后得到计算数据如表 3-19 所示。

表 3-19 恒压过滤实验数据计算值

$q\times10^3/(m^3/m^2)$	$\Delta q\times10^2/(m^3/m^2)$	θ/s	$\Delta\theta$/s	$(\Delta\theta/\Delta q)\ \times10^{-3}/(s/m)$
0		0		
11.35	11.35	17.3	17.30	1.524
22.70	11.35	41.4	24.10	2.123
34.05	11.35	72	30.60	2.696
45.40	11.35	108.4	36.40	3.207
56.75	11.35	152.3	43.90	3.868
68.10	11.35	201.6	49.30	4.344

过滤常数分别为 $K=4.0\times10^{-5}m^2/s$，$q_e=0.0252m^3/m^2$，$\theta_e=15.88s$。

其恒压过滤 $\Delta\theta/\Delta q$-q 关系线如图 3-58 所示。

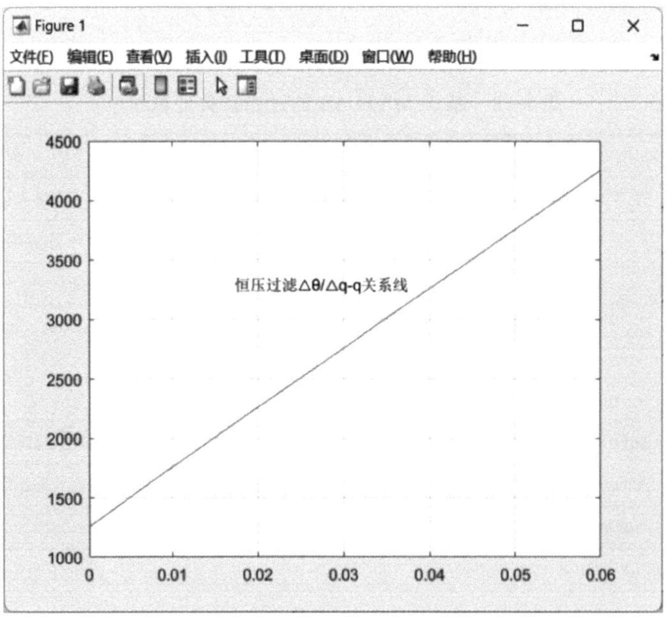

图 3-58 恒压过滤 $\Delta\theta/\Delta q$-q 关系线

【例 13】在精馏综合实验中测定实验数据，见表 3-20。试用 MATLAB 进行数据处理，计算各空格内相应数据，并绘制出实际塔板阶梯图。

表 3-20 精馏综合实验数据表

实际塔板数：9 物系：乙醇-正丙醇 折射仪分析温度：30℃					
指标	全回流 $R=\infty$		部分回流：$R=4$ 进料温度：14.6℃		
	塔顶组成	塔釜组成	塔顶组成	塔釜组成	进料组成
折射率 n	1.3611	1.3781	1.3621	1.3781	1.3760
质量分数 w					
摩尔分数 x					
理论板数					
总板效率					

已知在该操作条件下乙醇的比热容 $c_{p1}=2.97\text{kJ/(kg}\cdot\text{K)}$，正丙醇的比热容 $c_{p2}=2.80\text{kJ/(kg}\cdot\text{K)}$；乙醇的汽化热 $r_1=820\text{kJ/kg}$，正丙醇的汽化热 $r_2=680\text{kJ/kg}$。乙醇-正丙醇混合液的 t-x-y 关系如表 3-21 所示，温度-折射率-液相组成之间的关系如表 3-22 所示。

表 3-21 乙醇-正丙醇混合液的 t-x-y 关系

t/℃	97.60	93.85	92.66	91.60	88.32	86.25	84.98	84.13	83.06	80.50	78.38
x	0	0.126	0.188	0.210	0.358	0.461	0.546	0.600	0.663	0.884	1.0
y	0	0.240	0.318	0.349	0.550	0.650	0.711	0.760	0.799	0.914	1.0

注：x 表示液相中乙醇的摩尔分数，y 表示气相中乙醇的摩尔分数，t 表示温度，乙醇沸点为 78.3℃，正丙醇沸点为 97.2℃。

表 3-22 温度-折射率-液相组成之间的关系

质量分数	折射率		
	25℃	30℃	35℃
0	1.3827	1.3809	1.3790
0.05052	1.3815	1.3796	1.3775
0.09985	1.3797	1.3784	1.3762
0.1974	1.3770	1.3759	1.3740
0.2950	1.3750	1.3755	1.3719
0.3977	1.3730	1.3712	1.3692
0.4970	1.3705	1.3690	1.3670
0.5990	1.3680	1.3668	1.3650
0.6445	1.3607	1.3657	1.3634
0.7101	1.3658	1.3640	1.3620
0.7983	1.3640	1.3620	1.3600
0.8442	1.3628	1.3607	1.3590
0.9064	1.3618	1.3593	1.3573
0.9509	1.3606	1.3584	1.3653
1.000	1.3589	1.3574	1.3551

计算步骤如下：

① 首先根据乙醇-正丙醇混合液的 t-x-y 表格数据进行拟合，求出乙醇-正丙醇的汽液平衡关系曲线方程。再利用温度-折射率-液相组成之间的关系进行拟合，求出在 30℃下折射率-液相组成的方程。程序如下：

```
x=[0  0.126  0.188  0.210  0.358  0.461  0.546  0.600  0.663  0.884  1.0];
y=[0  0.240  0.318  0.349  0.550  0.650  0.711  0.760  0.799  0.914  1.0];
p1=polyfit(x,y,2)              %输入乙醇-正丙醇汽液平衡数据,进行曲线拟合
```

执行程序得

```
p1=
    -0.7200  1.6693  0.0247
```

则乙醇-正丙醇的汽液平衡关系曲线方程为 $y=-0.72x^2+1.6693x+0.0247$。

对 30℃下的折射率-液相组成进行拟合，程序如下：

```
w=[0  0.05052  0.09985  0.1974  0.2950  0.3977  0.4970  0.5990  0.6445  0.7101  0.7983
    0.8442  0.9064  0.9509  1.000];
n=[1.3809  1.3796  1.3784  1.3759  1.3755  1.3712  1.3690  1.3668  1.3657  1.3640  1.3620
    1.3607  1.3593  1.3584  1.3574];
p2=polyfit(n,w,2)
```

执行程序得

```
p2=
    -12.0224  -9.0272  35.3951
```

则折射率-液相组成关系曲线方程为 $y=-12.0224x^2-9.0272x+35.3951$。

② 计算质量分数 w 和摩尔分数 x。

```
n0d=1.3611;n0w=1.3781;   %全回流下塔顶和塔底产品折射率;
n1d=1.3621;n1w=1.3781;nf=1.3760;   %回流比R=4时塔顶、塔底产品和原料折射率;
W0d=polyval(p2,n0d);W0w=polyval(p2,n0w);
W1d=polyval(p2,nld);W1w=polyval(p2,n1w);Wf=polyval(p2,nf);
定义ml.m文件并保存,进行调用求解摩尔分数x;
function X=check(W)
ml=W/46;
m2=(1-W)/60;
X=ml/(ml+m2);
```

在 MATLAB 工作环境下输入

```
X0d=ml(W0d);              %求出全回流塔顶产品组成
X0w=ml(W0w);              %求出全回流塔釜产品组成
X1d=ml(W1d);              %求出回流比R=4塔顶产品组成
X1w=ml(W1w);              %求出回流比R=4塔釜产品组成
Xf=ml(Wf);                %求出回流比R=4原料组成
```

③ 计算全回流状态下理论板总数和总板效率，绘制该状态下理论塔板阶梯图。

```
m = [ ];
subplot(2,1,1);
plot(x,y,x,x);                    % 绘制汽液平衡曲线和全回流状态下操作线
hold on;
pp = p1
n = 1
m(n) = X0d
while m(n)>X0w
    pp(3) = p1(3) - m(n)
    xx = roots(pp)
    n = n + 1
    m(n) = zhenjie(xx(1),xx(2))
    plot(m(n):0.01:m(n-1),m(n-1),'. ',m(n),m(n):0.01:m(n-1),'. ')      % 绘制理论塔板阶梯图
end
plot(X0w,0:0.01:m(n-1),'g. ',X0d,0:0.01:X0d,'r. ')
xlabel('x');
ylabel('y');
getext('全回流理论塔板阶梯图')
text(X0d,0,'Xd')
text(X0w,0,'Xw')
N = n-2 + (m(n-1)-X0w)/(m(n-1)-m(n))             % 全回流状态下理论板总数
η = N/9               % 全回流状态下总板效率
```

其中定义 zhenjie. m 文件程序为：

```
function X = check(a,b)
if a>0 & a<1
    X = a
elseif b>0 & b<1
    X = b
else
end
```

④ 求进料温度 $t_f = 14.6$℃时，进料热状态参数 Q。

```
t = [97.60  93.85  92.66  91.60  88.32  86.25  84.98  84.13  83.06  80.50  78.38];
x = [0  0.126  0.188  0.210  0.358  0.461  0.546  0.600  0.663  0.884  1.0];
tf = 14.6;cp1 = 2.97;cp2 = 2.8;r1 = 820;r2 = 680;
p3 = polyfit(x,t,2)
tB = polyval(p3,Xf)
tm = (tB + tf)/2
cpm = 46 * Xf * cp1 + 60 * (1 - Xf) * cp2
rm = 46 * Xf * r1 + 60 * (1 - Xf) * r2
Q = (cpm * (tB - tf) + rm)/rm
```

⑤ 计算回流比 $R=4$ 时，理论板总数和总板效率，绘制该状态下理论塔板阶梯图。

```
R = 4;
jingliu = [Q/(Q - 1), - 1;R/(R + 1), - 1];
caozuo = [Xf/(Q - 1);X1d/(R + 1)];
jd = inv(jingliu) * caozuo                    % 根据精馏段操作线方程和 q 线方程解出两操作线交点坐标;
K = (jd(2) - X1w)/(jd(1) - X1w)              % 求提馏线斜率;
X1 = jd(1):0.01:X1d
y1 = x1 * R/(R + 1) + X1d/(R + 1)            % 精馏段操作线方程;
x2 = X1w:0.01:jd(1)
y2 = K * x2 - (K - 1) * X1w                  % 提馏段操作线方程;
xq = Xf:0.001:jd(1)
yq = Q * xq/(Q - 1) - Xf/(Q - 1)             % y = Qx_q/(Q - 1) - x_F/(Q - 1)为 q 线方程
subplot(2,1,2)
plot(x,y,x,x,x1,y1,'.',x2,y2,'.',xq,yq,'b.');      % 绘制汽液平衡线、q 线、精馏操作线和提馏操作线
hold on
pp = p1
n = 1
m(n) = X1d
q(n) = X1d
polt(m(n),0:0.01:q(n),'r.')
while m(n)>X1w                                % 求各塔板汽液组成
    pp(3) = p1(3) - q(n)
    xx = roots(pp)
    n = n + 1
    m(n) = zhenjie(xx(1),xx(2))
    if m(n)>Xf
        q(n) = jl(m(n))
    else
        q(n) = tl(m(n))
    end
    plot(m(n):0.01:m(n - 1),q(n - 1),'.',m(n),q(n):0.01:q(n-1),'.')      % 绘制理论塔板阶梯图
end
plot(X1w,0:0.01:q(n - 1),'.',Xf,0:0.01:Xf,'b.')
xlabel('x')
ylabel('y')
gtext('R = 4 时理论塔板阶梯图')
text(X1d,0,'Xd');
text(X1w,0,'Xw');
text(Xf,0,'Xf');
Nr = n - 2 + (q(n - 1) - X0w)/(q(n - 1) - q(n))   % 求理论板总数
ηr = Nr/9                                         % 求总板效率
hold off
```

上面循环语句里面的 jl. m 和 tl. m 文件直接调用，分别求解精馏段和提馏段各塔板汽

液组成，定义如下。

j1. m 文件：

```
function jl = j(a)
jl = 0.8 * a + 0.168
```

t1. m 文件：

```
function tl = t(a)
tl = 1.797 * a - 0.1196
```

⑥ 执行命令后得到全回流状态和回流比 $R=4$ 时理论板总数和总板效率如表 3-23 所示。

表 3-23 精馏综合实验数据处理结果

实际塔板数：9　物系：乙醇-正丙醇　折射仪分析温度：30℃					
指标	全回流 $R=\infty$		部分回流 $R=4$，进料温度：14.6℃		
	塔顶组成	塔釜组成	塔顶组成	塔釜组成	进料组成
折射率 n	1.3611	1.3781	1.3621	1.3781	1.3760
质量分数 w	0.8356	0.1223	0.7938	0.1223	0.2108
摩尔分数 x	0.8689	0.1538	0.8339	0.1538	0.2583
理论板数	4.9065		7.7086		
总板效率	54.52%		85.65%		

⑦ 理论塔板阶梯图如图 3-59 所示。

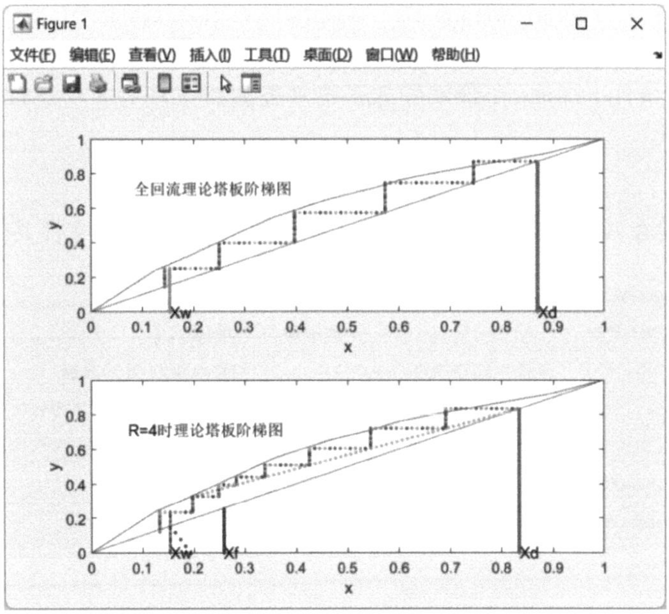

图 3-59　$R=\infty$和 $R=4$ 时理论塔板阶梯图

【例 14】已知液-液萃取实验测试数据如表 3-24 所示。试用 MATLAB 进行数据处理，计算各空格内相应数据，并绘制出曲线图。

表 3-24　液-液萃取实验测试数据

<table>
<tr><td>装置编号：2</td><td>塔型：筛板式萃取塔</td><td colspan="2">塔内径：37mm</td><td>溶质 A：苯甲酸</td></tr>
<tr><td>稀释剂 B：煤油</td><td>萃取剂 S：水</td><td colspan="2">连续相：水</td><td>分散相：煤油</td></tr>
<tr><td>重相密度：995.9kg/m³</td><td>轻相密度：800kg/m³</td><td colspan="3">流量计转子密度：ρ_f=7900kg/m³</td></tr>
<tr><td>塔的有效高度：0.75m</td><td colspan="4">塔内温度 t=29.8℃</td></tr>
<tr><td colspan="3">桨叶转速/(r/min)</td><td colspan="2">372</td></tr>
<tr><td colspan="3">水流量/(L/h)</td><td colspan="2">4</td></tr>
<tr><td colspan="3">煤油流量/(L/h)</td><td colspan="2">6</td></tr>
<tr><td colspan="3">煤油实际流量/(L/h)</td><td colspan="2">6.704</td></tr>
<tr><td colspan="3">NaOH 溶液浓度/(mol/L)</td><td colspan="2">0.01077</td></tr>
<tr><td rowspan="6">浓度分析</td><td rowspan="2">塔底轻相 x_Rb</td><td>样品体积/mL</td><td colspan="2">10</td></tr>
<tr><td>NaOH 用量/mL</td><td colspan="2">13.1</td></tr>
<tr><td rowspan="2">塔顶轻相 x_Rt</td><td>样品体积/mL</td><td colspan="2">10</td></tr>
<tr><td>NaOH 用量/mL</td><td colspan="2">5.4</td></tr>
<tr><td rowspan="2">塔底重相 y_Eb</td><td>样品体积/mL</td><td colspan="2">25</td></tr>
<tr><td>NaOH 用量/mL</td><td colspan="2">19.7</td></tr>
<tr><td rowspan="6">计算及实验结果</td><td colspan="2">塔底轻相浓度 x_Rb/(kgA/kgB)</td><td colspan="2"></td></tr>
<tr><td colspan="2">塔顶轻相浓度 x_Rt/(kgA/kgB)</td><td colspan="2"></td></tr>
<tr><td colspan="2">塔底重相浓度 y_Eb/(kgA/kgB)</td><td colspan="2"></td></tr>
<tr><td colspan="2">传质单元数 N_OE（图解积分）</td><td colspan="2"></td></tr>
<tr><td colspan="2">传质单元高度 H_OE/m</td><td colspan="2"></td></tr>
<tr><td colspan="2">体积总传质系数 K_YEa/{kgA/[m³·h·(kgA/kgS)]}</td><td colspan="2"></td></tr>
</table>

已知在该操作条件下煤油-水-苯甲酸的系统平衡曲线方程为 $y=88817x^2-522.77x^2+1.2669x+5\times10^{-5}$。

计算程序如下。

① 计算苯甲酸在两相中的进出口质量分数：通过定义××.m 文件并保存，调用求解。

```
function X = jisuan(V1,M,V2,ρ)
    X = V1 * M * 122/ρ/V2                              % 苯甲酸分子量为 122
    Vxb = 10;VNaOHxb = 13.1;Vxt = 10;VNaOHxt = 5.4;          % 输入实验测试数据
    Vyb = 25;VNaOHyb = 19.7;MNaOH = 0.01077;ρ1 = 800;ρ2 = 1000;H = 0.75;s = 4;D = 0.037;
XRb = XX(VNaOHxb,MNaOH,Vxb,ρ1)                        % 调用 XX.m 文件计算苯甲酸在两相中的质量分数
XRt = XX(VNaOHxt,MNaOH,Vxt,ρ1)
YEb = XX(VNaOHyb,MNaOH,Vyb,ρ2)
YEt = 0;
YE = YEt:0.0001:YEb
XE = YE * (XRb - XRt)/(YEb - YEt) + XRt               % 用操作线方程计算油相中苯甲酸的质量分数
m = size(YE);
for n = 1 : 1:m(2)
YEph(n) = 88817 * XE(n)^3 - 522.77 * XE(n)^2 + 1.2669 * XE(n) + 5E-06
```

```
yy(n) = 1/(YEph(n) - YE(n))
end                                 %用分配曲线方程计算水相中苯甲酸平衡质量分数
p = polyfit(YE,yy,2)
syms xx
f = p(1) * xx^2 + p(2) * xx + p(3)
Noe = int(f,YE(1),YE(n))            %利用积分函数求传质单元数 NOE
NOE = subs(Noe)
HOE = H/NOE                         %求传质单元高度
A = (pi/4) * D^2
K_Yea = s/HOE/A                     %求体积总传质系数
subplot(2,1,1)
plot(XE,YE,'r')                     %绘制操作线图
gtext('操作线')
hold on
plot(XE,YEph,'g')                   %绘制分配线图
gtext('分配线')
grid on
xlabel('XE')
ylabel('YE')
subplot(2,1,2)
plot(YE,yy);                        %绘制积分线图
hold on
plot(YE(1),0:200:yy(1),'*',YE(n),0:200:yy(n),'*');        %绘制区域积分边界线
grid on
xlabel('Y')
ylabel('1/(Y* - Y)')
gtext('积分线')
gtext('积分区域')
hold off
```

② 执行命令后得到传质单元数、传质单元高度、体积总传质系数等数据如表 3-25 所示。其分配线、操作线、积分线及其区域见图 3-60。

表 3-25 液-液萃取实验测试数据处理结果

装置编号：2	塔型：筛板式萃取塔	塔内径：37mm	溶质 A：苯甲酸
稀释剂 B：煤油	萃取剂 S：水	连续相：水	分散相：煤油
重相密度：995.9kg/m^3	轻相密度：800kg/m^3	流量计转子密度 ρ_1=7900kg/m^3	
塔的有效高度：0.75m	塔内温度 t=29.8℃		
桨叶转速/(r/min)			372
水流量/(L/h)			4
煤油流量/(L/h)			6
煤油实际流量/(L/h)			6.704
NaOH 溶液浓度/(mol/L)			0.01077

续表

浓度分析	塔底轻相 x_{Rb}	样品体积/mL	10
		NaOH 用量/mL	13.1
	塔顶轻相 x_{Rt}	样品体积/mL	10
		NaOH 用量/mL	5.4
	塔底重相 y_{Eb}	样品体积/mL	25
		NaOH 用量/mL	19.7
计算及实验结果	塔底轻相浓度 x_{Rb}/(kgA/kgB)		0.002152
	塔顶轻相浓度 x_{Rt}/(kgA/kgB)		0.000897
	塔底重相浓度 y_{Eb}/(kgA/kgB)		0.001035
	水流量 S/(kgS/h)		4
	煤油流量 B/(kgB/h)		6.704
	传质单元数 N_{OE}(图解积分)		2.295
	传质单元高度 H_{OE}/m		0.3268
	体积总传质系数 K_{YE_a}/{kgA/[m^3·h·(kgA/kgS)]}		11383.59

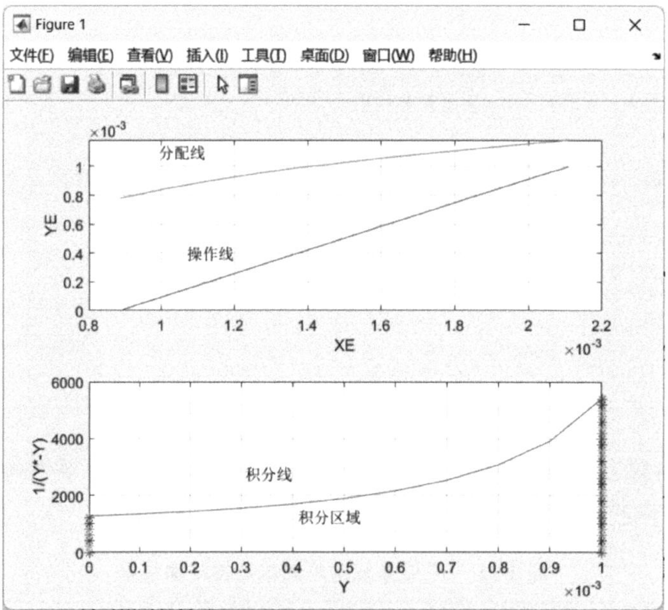

图 3-60 液-液萃取分配线、操作线及积分线

4 参数测量方法及常规仪表的使用

4.1 温度测量及仪表

食品加工生产中，温度的测量和控制占着重要的地位。通常是通过不同的仪表测量或控制指定点的温度、确定流体的物理性质、推算物流的组成和确定相平衡数据及过程速率等。

根据测温原理的不同，测量仪表可分为接触式（含热膨胀式温度计、热电偶温度计、热电阻温度计和压力式温度计）和非接触式（含光学高温计、光电高温计、比色高温计和全辐射测温仪）。以下为几类常用的温度计。

4.1.1 热膨胀式温度计

4.1.1.1 玻璃管温度计

玻璃管温度计是常用的一种测定温度的仪器，其中水银温度计和有机液体温度计作为目前实验室用得最多的温度计，各有其特点。水银温度计测量范围广、刻度均匀、读数准确，但破损后会造成汞污染；而有机液体温度计虽着色后读数明显，但由于膨胀系数随温度变化，故刻度系数不均匀，读数误差较大。玻璃管温度计分为实验室常用的外标普通棒式，工业上常用的内标金属套式和实验室恒温槽常用的电接点式。

玻璃管温度计在进行温度精确测量时需要校正。其校正方法一般有以下两种：

① 与标准温度计在同一状况下比较，即将被校温度计与标准温度计一同插入恒温槽中，待恒温槽温度稳定后比较两温度计的读数。

② 利用纯物质相变点校正，如冰-水系统和水-水蒸气系统（但要注意当地大气压，如四川省攀枝花市气压为 89kPa，水的沸点约为 96℃）。

4.1.1.2 双金属温度计

双金属温度计是一种固体膨胀式温度计，由两种膨胀系数不同的金属薄片叠焊在一起制成，可部分取代水银温度计，用于气体、液体及蒸气的温度测量，具有结构简单、牢固的特点。其通常是将双金属片一端固定，当温度发生变化时，两种金属片会因膨胀系数不同而产生弯曲变形，其弯曲的程度与温度变化大小成正比。此外，双金属温度计还可以做成带上、下限接点的电接点双金属温度计，当温度达到给定值时，电接点闭合发出电信号，以实现对温度的控制或报警功能。

目前国产的双金属温度计测量范围是－80～＋600℃，准确度等级为1级、1.5级、2.5级。双金属温度计根据刻度盘与保护管的连接方向可分为两种类型：轴向型和径向型。轴向型结构如图4-1所示。

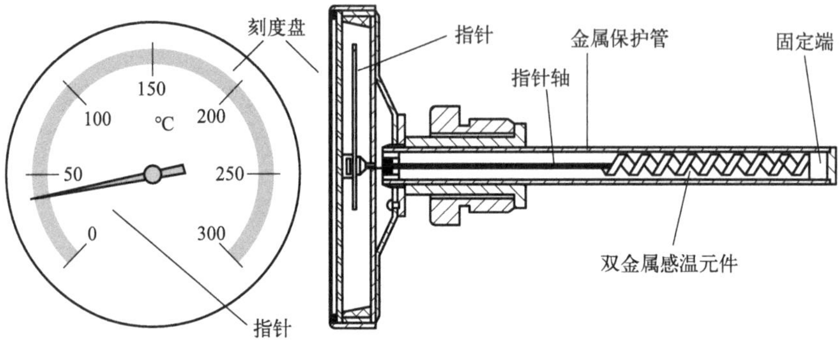

图 4-1　双金属轴向型温度计

4.1.2　热电偶温度计

4.1.2.1　热电偶测温原理

热电偶由两种不同的导体组合而成，每根单独的导体称为热电极。如图4-2所示，将两种不同的导体或半导体 A 与 B 连接成闭合回路，使两个接点分别置于温度为 T 及 T_0（$T>T_0$）的热源中，就会在回路内产生热电动势（简称热电势），即热电效应现象。其中，两个接点端分别为工作端（测量端或热端）如 T 端，以及自由端（参比端或冷端）如 T_0。

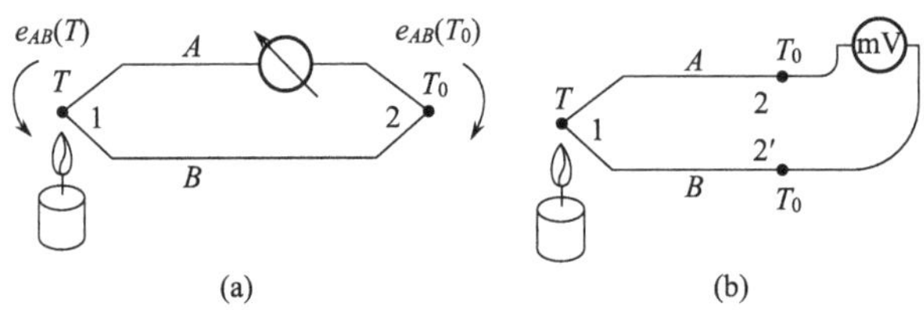

图 4-2　热电效应现象

根据闭合回路中，总热电势 $E_{AB}(T,T_0)$ 的表达式：

$$E_{AB}(T,T_0)=e_{AB}(T)-e_{AB}(T_0) \tag{4-1}$$

可知，当 A、B 材料固定，冷端温度 T_0 保持不变时，热电势 $E_{AB}(T,T_0)$ 成了温度 T 的单值函数。而热电势通常可由毫伏计或智能测温仪测量得到。

4.1.2.2　热电偶冷端温度补偿

热电偶测量温度时要求其冷端的温度保持不变，因为只有这样，其热电势大小才能与测量温度呈一定的比例关系。若测量时，冷端（环境）温度变化，则将严重影响测量的准确性。因此，常采用一些措施来消除冷端温度变化所产生的影响，如冰浴法、恒温槽法、补偿电桥法。

4.1.3 热电阻温度计

热电阻温度计是一种用途极广的测温仪器，在工业生产中的温度测量范围为－120～＋500℃。其原理是利用金属导体或半导体的电阻值随温度变化而改变的特性来进行温度测量。热电阻温度计具有测量精度高、性能稳定、灵敏度高的特点。而且由于其本身电阻大，故导线的电阻可忽略，因此信号可远传和记录。

热电阻温度计的热敏元件有金属丝和半导体两种。通常前者使用铂丝或者铜丝，其中，高纯度铂由于易制备、不易变质、电阻系数大、温度系数稳定等特点已成为国际实用温标630℃以下的标准温度计。其适用于温度变化大的精密测定，但不适用于高温和电流过大的情况。后者使用半导体热敏物质，一般由各种氧化物按一定比例黏合烧结而成，具有灵敏度高、体积小、价格便宜、测温范围窄和重复性高的特点。

4.2 压力测量及仪表

操作压力是化学工业和科学实验中的一大重要参数，可用来检测塔器的操作是否正常，了解泵的性能和安装得是否正确等。食品生产和科学研究中所涉及的压力范围很广，且精度要求各不相同，故需要针对不同的要求采取不同的方法。常用的测压方法有两种：一是根据压力的定义直接测量单位面积受力的大小，如用液柱本身的重力去平衡被测压力，通过压力的高低给出压力值；二是应用压力作用于物体后所产生的各种物理效应来实现压力测量，主要是应用弹性测量元件的机械形变来实现测量，并且多是转化为电信号作为输出信号以便于应用和显示。

4.2.1 液柱压力计

液柱压力计是最早用来测量压力的仪表，测量方法以流体静力学原理为基础，具有结构简单、使用方便、价格便宜、精度高的特点。但由于液柱压力计不能测高压、不能自动指示和记录，所以应用范围会受到一定的限制，一般作为实验室低压的精密测量和仪表的校验。

液体压力计一般包括U形管压力计、单管压力计、斜管压力计、微差压力计等。其中液柱所用液体种类繁多，但要求所用液体与被测介质接触处必须有一个清楚而稳定的分界面以便准确读数，常用的液体有水、水银、酒精和甲苯等。

由于液柱压力计存在耐压程度差、结构不牢固、易破碎、测量范围小、显示值与工作液体密度有关等缺点，故在使用中必须注意以下几点：

① 被测压力不能超过仪表测量范围。若被测对象突然增压或操作不当则会造成压力骤升，将工作液冲走；若是水银，则还可能造成污染和中毒。

② 被测介质不能与工作液混合或起化学反应。

③ 液柱压力计安装位置应避开过热、过冷和有震动的地方。否则，工作液会因过热而蒸发，过冷而冻结；震动太大则会把玻璃管震破，从而造成测量误差，甚至根本无法指示。

④ 由于液体的毛细现象及表面张力作用会引起玻璃管内液面呈弯月状，故读取压力值时，观察水（或其他对管壁浸润的工作液）时应看凹面最低处；观察水银（或其他对管壁不浸润的工作液）时应看凸面最高点。

⑤ 需要水平放置的仪表，测量前应将仪表放平，再校正零点。

⑥ 工作液为水（或其他透明液体）时，可在水中加入一点红墨水或其他颜色以便于观察读数。

⑦ 使用过程中要保持测量管和刻度标尺的清晰，定期更换工作液。

4.2.2 弹性压力计

4.2.2.1 概述

弹性压力计是工业测量中应用最广的压力计，具有结构简单、造价低廉、精度较高、便于携带和安装使用、测压范围广等特点。其原理是根据不同的被测压力作用于弹性元件时产生不同的变形量来测量压力。但不同结构、不同材料的弹性元件，在相同压力下会产生不同的弹性变形。常用的弹性元件有弹簧管、波纹管和波纹膜片等，其中波纹膜片和波纹管多用于微压和低压测量，弹簧管可用于高、中、低压或真空度的测量。大多数情况下，常采用黄铜、磷青铜和铍青铜合金制成低压弹性元件，用钢和不锈钢制得高压弹性元件。

弹簧管压力计作为使用最广泛的弹性压力计，主要由弹簧管、齿轮传动机构、示数装置（指针和分度盘）以及外壳等部分组成，原理如图 4-3 所示。

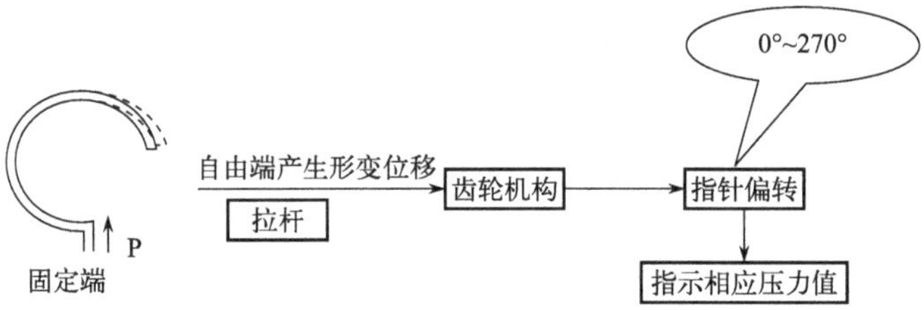

(a) 原理示意图

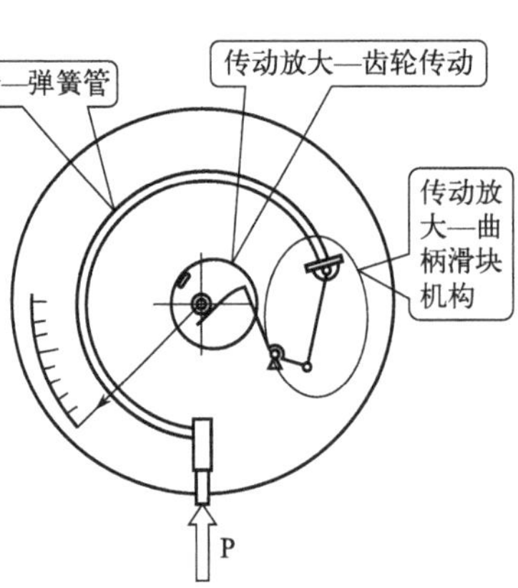

(b) 传动示意图

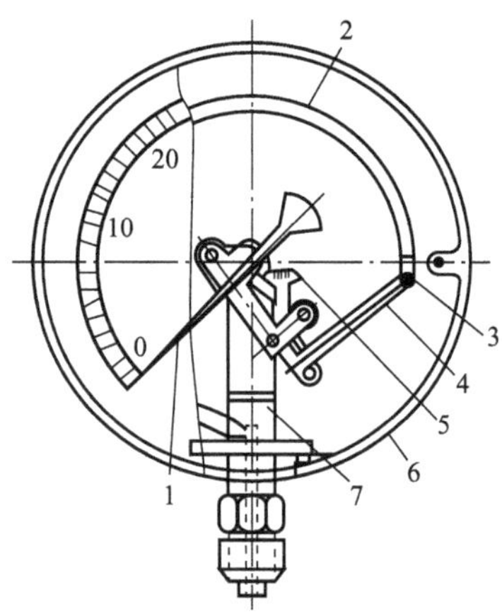

(c) 实物示意图

图 4-3　弹簧管压力计

1—指针；2—弹簧管；3—接头；4—拉杆；5—扇形齿轮；6—壳体；7—基座

4.2.2.2 注意事项

为了保证弹簧管压力计正确指示和长期使用，仪表的安装与维护很重要。使用时要注意下列规定：

① 仪表应工作在允许压力范围内，静压力下一般不应超过测量上限的70%，压力波动时不应超过测量上限的60%。

② 工业用压力表的使用条件为：环境温度－40～＋60℃，相对湿度小于80%。

③ 仪表安装处与测定点之间的距离应尽量短，以免指示迟缓。

④ 在震动情况下使用仪表时要装减震装置。

⑤ 测量结晶或黏度较大的介质时，要加装隔离器。

⑥ 仪表必须垂直安装，无泄漏现象。

⑦ 仪表测定点与仪表安装处应处于同一水平位置，否则会产生附加高度，必要时需添加修正值。

⑧ 测量爆炸、腐蚀、有毒气体的压力时，应使用特殊的仪表；氧气压力表严禁接触油类，以免爆炸。

⑨ 压力仪表必须定期校正，合格的表才能使用。

4.2.3 压力仪表的校验

校验原因有两个：一是对于长期使用的压力仪表，会因弹性元件疲劳、传动机构磨损及腐蚀、电子元器件的老化等造成误差，所以有必要对其进行定期校验；二是对于新仪表，在安装使用前为了防止运输过程中因震动或碰撞所造成的误差，故也需要进行校验，以保证仪表示值的可靠性。

校验方法通常有两种，一种是将被校表与标准表的示值在相同条件下进行比较；另一种是将被校表的示值与标准压力比较。前者较方便，在实际校验中应用较多。后者主要用于校验0.25级以上的精密压力表，也可用于校验各种工业用压力表。常用的校验仪器是活塞式压力计。

4.2.4 压力的电测方法

压力的电测法就是通过压力传感器直接将被测电压变换成电阻、电流、电压、频率等形式的信号来进行压力的测量。其在工业自动化系统中具有重要的地位，除用于一般压力测量外，还适用于快速变化和脉动压力的测量；根据转变信号形式不同可分为压电式、压阻式、电容式等。具体如表4-1所示。

表4-1 传感器的比较

项目	压电式	压阻式	电容式
原理	压电效应（晶体因某一方向受力发生机械变形致使两表面产生异性电荷，而又因外力去除而不带电的现象）	压阻效应（固体受力时电阻率发生变化的现象）	因受力大小不同使平行板间距不同引起电容量变化的现象
材料	压电晶体（石英晶体） 压电陶瓷（人造多晶体）	半导体材料（单晶硅）	多数采用玻璃、石英或陶瓷作为绝缘支架；以气体或真空为绝缘介质

续表

项目	压电式	压阻式	电容式
特点	可测压力范围在100MPa以内；频率响应可达30kHz	易于小型化、灵敏度高、响应时间短、测量范围宽、精度高	灵敏度高；内部基本无摩擦，本身不耗能，减小了测量误差；具有极小的可动质量，较高的固有频率，良好的动态响应能力；介质损失小，本身不引起温度变化；结构简单，能在高温、辐射等恶劣条件下工作

4.3 流量测量及仪表

随着现代科学技术和食品生产的发展，工业过程中对于流量测量的要求也越来越高，因此对于不同情况需要采用不同的测量方法和仪表。流量计可一般分为压差流量计、变截面流量计和涡轮流量计等。下面就其常用流量计进行介绍。

4.3.1 压差流量计

压差流量计是利用液体流经节流装置时产生的压力差来实现流量测量的。通常由能将被测流量转换成压力差信号的节流件和测量压力差的压差计组成。

4.3.1.1 基本原理

由连续性方程和伯努利方程可得到流量与压差之间关系的方程，即流量基本方程：

$$V_s = C_0 A_0 \sqrt{\frac{2}{\rho}(P_1 - P_2)} \tag{4-2}$$

式中 V_s——流量，m^3/s；

C_0——流量系数；

A_0——节流孔开孔面积，m^2；

ρ——流体密度，kg/m^3；

P_1-P_2——节流孔上下游两侧压力差，Pa。

4.3.1.2 孔板流量计

在管内垂直于流动方向插入一片中央开有圆孔的板，当流体流到孔口时，流股截面收缩，之后，流股将继续收缩到截面最小处，也称作速度最大处（缩脉），然后流股又将逐渐扩大到全管，见图4-4。孔板流量计节流元件有孔板、喷嘴、文丘里管等，见图4-5。

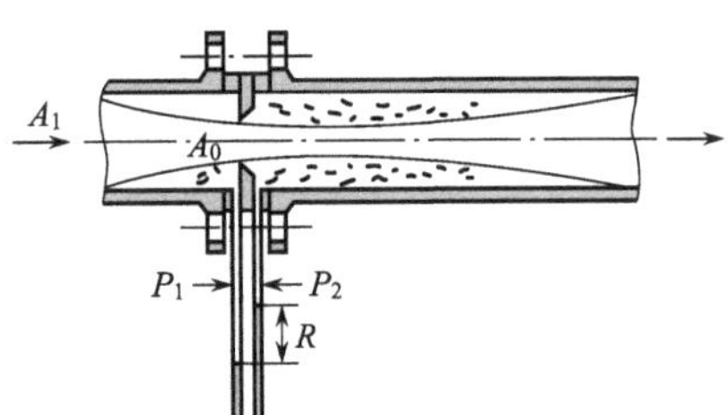

图4-4 孔板流量计

孔板的结构简单，易加工，造价低，但能量损失大；喷嘴的能量损失较小，节约能源，且比较坚固耐用，适合高温高压流体，故其被广泛用于电力、化工、食品等行业的蒸气流量测量；文丘里管能量损小，但造价高。

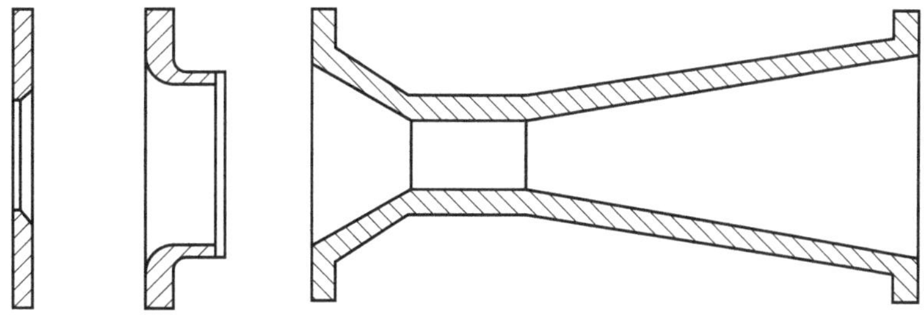

图 4-5　节流元件

食品工程原理实验中常用孔板，但孔板不适用于测量使节流装置变脏、磨损和变形的脏污或腐蚀性介质。另外，孔板安装应注意方向，不能装反。

4.3.2　变截面流量计

当流体通过时，压差固定、收缩口面积随流量变化的流量计称为变截面流量计。其一般包括转子流量计、冲塞式流量计和活塞式流量计等，其中典型代表为转子流量计，简称转子计。

4.3.2.1　流量基本方程

$$V_s = C_R A_R \sqrt{\frac{2gV_f(\rho_f - \rho)}{A_f \rho}} \tag{4-3}$$

式中　C_R——转子流量计的流量系数；

A_R，A_f——转子最大截面积和此外环形通道的截面积，m^2；

V_f——转子体积，m^3；

ρ，ρ_f——流体和转子的密度，kg/m^3。

4.3.2.2　转子流量计

在一个上宽下窄的锥形管中，垂直放置一个阻力件，当流体自下而上地流经锥形管时，由于受到流体的冲击及浮力，所以转子要向上运动。随着转子的上升，它与锥形管间环形流通面积增大，从而致使流体流速降低，对转子的冲击力减小，直到转子的重力与流体作用在转子上的力相平衡时，转子停留在某个高度。由于流量变化时转子将改变流通面积并移到新的位置，继续保持平衡，因此，将锥形管的高度按流量值刻度，就能从转子最大直径所处的位置知道流经锥形管的流量。转子流量计具有结构简单、读数直观、使用维护方便、压力损失小、精确度高和可用于腐蚀性流体的测量等优点，但也存在流体流动方向限制、转子计易碎和不耐高温高压的缺点。

4.3.2.3　转子流量计的读数修正及量程改变

一般情况下，测量液体的用水标定。测量气体的用空气标定，按标准状态（水 20℃；空气 20℃，101.325kPa）的体积流量来标示读数。当被测流体的密度与生产厂家用来标定转子流量计的流量与刻度关系的介质密度不等时，需要对流量测量值进行修正。

液体：

$$V_{液}=V_{液,0}\sqrt{\frac{\rho_{f}-\rho_{液}}{(\rho_{f}-\rho_{液,0})\rho_{液}}}=V_{液,0}K_{\rho} \tag{4-4}$$

气体：

$$V_{气}=V_{气,0}\sqrt{\frac{\rho_{气,0}P_{0}T}{\rho_{气}PT_{0}}}=V_{气,0}\sqrt{\frac{\rho_{气,0}}{\rho_{气}}}\sqrt{\frac{P_{0}}{P}}\sqrt{\frac{T}{T_{0}}}=V_{气,0}K_{\rho}K_{P}K_{T} \tag{4-5}$$

式中，K_{ρ}、K_{P}、K_{T} 分别为密度修正系数、压力修正系数和温度修正系数。其可以通过理论计算得到，也可从流量计说明书中找到。

4.3.2.4 注意事项

① 流量计使用时，应缓慢开启上游阀门至全开，然后再缓慢开启下游阀门来调节流量；停止工作时，应先缓慢关闭上游阀门，然后再关闭下游阀门。如果旋开阀门后不见浮子升起，则应关闭阀门找原因，待故障排除后再重新开启。阀门必须缓慢开启，否则转子会冲向顶部卡住或者撞破玻璃管。

② 使用时应避免被测流体温度、压力急剧变化。

③ 使用过程中，如发现浮子卡住，则绝不可用任何工具敲击玻璃锥管，可以用晃动管道或拆卸管子的方法来消除。

④ 使用过程中，如发现玻璃管密封处有被测流体溢出，那么只要拆下前后罩壳、扳紧压盖螺栓至不溢即可。若上述方法不行，则一般是密封填料失效。

⑤ 如锥管和浮子沾污，则应及时清洗。必要时可在流量计上游安装过滤器。还应指出，由于标定流体的密度差异极大，故液体转子流量计与气体转子流量计替换使用时，读数偏差必然极大。

4.3.3 涡轮流量计

涡轮流量计主要由涡轮、磁电转换器、显示仪表构成，见图 4-6。

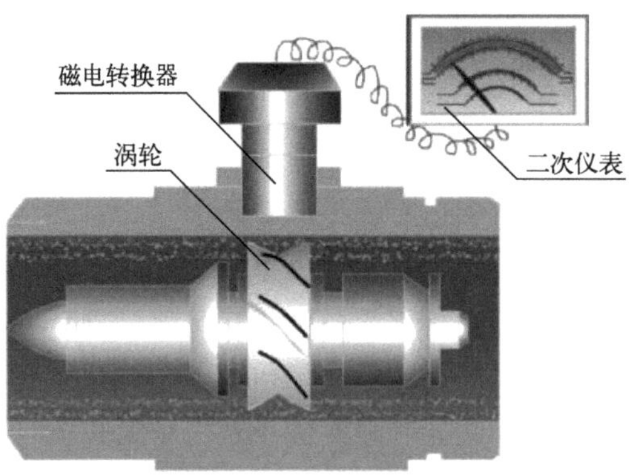

图 4-6　涡轮流量计

当流体通过时，涡轮开始旋转，使涡轮上方线圈中的磁通量发生周期性的变化，且线圈内感应到的脉冲信号的频率与涡轮转速成正比，即与流量成正比，从而可依此测出流量。涡轮流量计具有准确度高、反应迅速等特点，但其性能受流量大小、流体黏度、流体密度的影响。

4.3.4 湿式气体流量计

湿式气体流量计常用于实验室测量气体流量，属于容积式流量计。由圆鼓形壳体、转鼓及传动记数机构所组成，如图 4-7 所示。转鼓是由圆筒及四个弯曲形状的叶片所构成。四个叶片将转鼓划分为四个体积相等的小气室。转鼓的下半部浸没在水中。气体从中间的进气管依次进入各小气室，并相继由顶部排出时，迫使转鼓转动。转鼓转动的次数，由计数机构转换成气体流过的体积。它配合秒表工作时，可直接测定气体流量；还可用来作标准仪器以检定其他流量计。

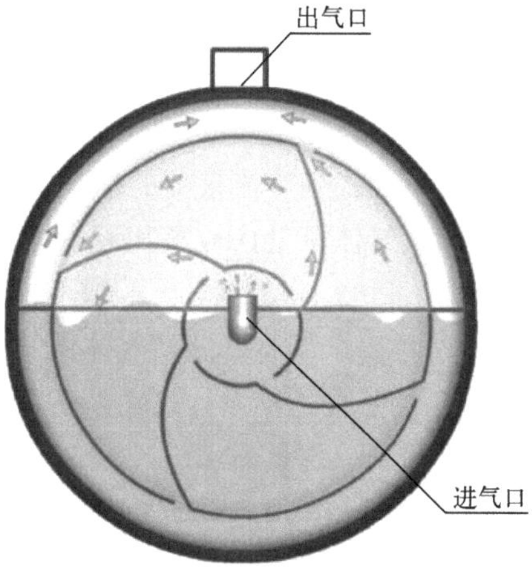

图 4-7 湿式气体流量计

4.3.5 流量计的标定

对于以下几种情况，流量计在测量时可能会变得不准确，故为了保证测量的准确性，需要对流量计进行标定和校正：

① 长时间放置的流量计。

② 要进行高精度测量时。

③ 当被测流体特性不符合流量计标定用的流体特性时。

④ 对测量值产生怀疑时。

4.3.5.1 液体流量计的标定

液体流量计的标定一般采用体积流量法（对于高黏度液体采用质量流量法），或者通过串联一个校准过的流量计对液体流量计做比较标定。

体积流量法标定装置见图 4-8。标定时，将水源注满缓冲水槽并保持溢出状态，然后开启管路阀门便可开始测定流量。读取量筒示数，并结合秒表示数则可计算出流量。在孔板流量计测量范围内，测取 5～6 组数据。

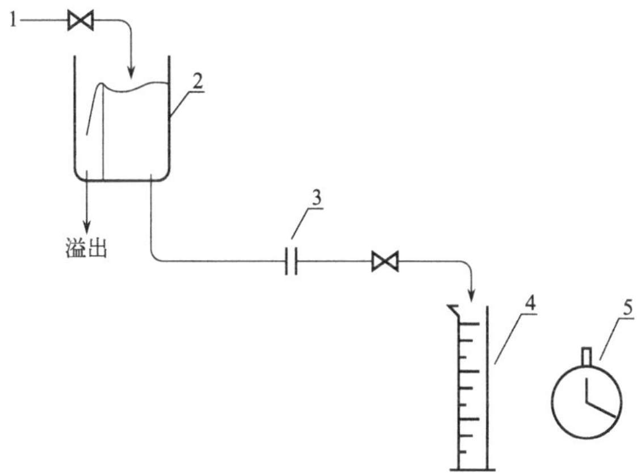

图 4-8 体积流量法标定装置

1—水源；2—缓冲水槽；3—孔板流量计；4—量筒；5—秒表

4.3.5.2 气体流量计的标定

气体流量计的标定一般采用容积法，用标准量瓶测量体积，或者通过串联一个校准过的流量计做比较标定。

（1）湿式气体流量计的标定

湿式气体流量计通常利用一个标准量瓶来进行标定，见图 4-9。标准量瓶的容积，在其刻度Ⅰ～Ⅱ之间正好为 1L。步骤如下：

① 按要求调整好湿式气体流量计（将湿式气体流量计灌入适量水，并进行调平）。

② 参照湿式流量计校正系统图，将标准量瓶、水杯与湿式气体流量计连接起来，并在水杯中加入一定量的水。

③ 打开旋塞 5，旋转旋塞 6，此时水杯高位对应的水柱压力使标准量瓶内空气通入流量计内，当流量计指针正好指到整数值时，旋转旋塞 6 使标准量瓶内空气与大气相通。

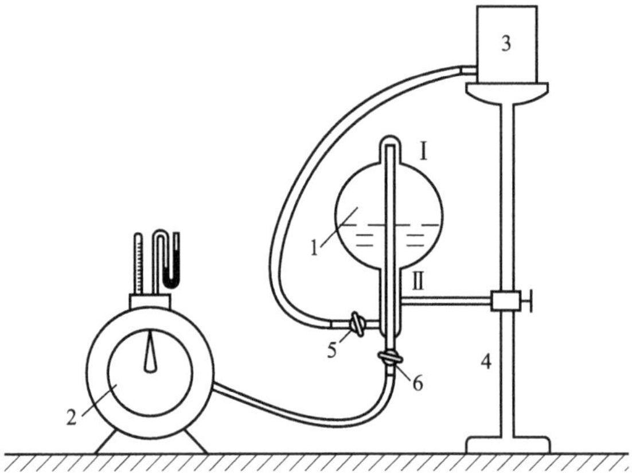

图 4-9 湿式气体流量计标定装置

1—标准量瓶；2—湿式气体流量计；3—水杯；4—支架；5—两通旋塞；6—三通旋塞

④ 放低水杯位置，使水面下降，让标准量瓶吸入外界空气，当水面下降到刻度Ⅱ时，关闭旋塞 5，使水面停止在刻度Ⅱ上。将水杯放回支架 4 的上面。

⑤ 旋转旋塞 6，使标准量瓶内的空气与流量计相通，打开旋塞 5 后，水杯高位对应的水柱压力，会使瓶内空气再次流入流量计中。当水面上升至刻度Ⅰ时，关闭旋塞 5，这时气体体积恰好为 1L。

⑥ 湿式气体流量计指针旋转一圈为 5L，故需重复上述步骤④和⑤操作 5 次，共做 5 组数据，求得其平均校正系数。

如果发现湿式气体流量计的读数总是低于（或高于）标准量瓶的体积，则说明湿式气体流量计内的水位较低（或较高），可通过加水（或减水）进行调节；如果发现湿式气体流量计的读数有时低于标准量瓶的体积，有时又高于标准量瓶的体积，则说明叶轮不均匀，此时应求出校正系数，并画出校正曲线，以备测量时使用。

（2）比较标定法

比较标定法标定装置见图 4-10。先将缓冲罐上的放空阀完全打开，同时关闭出气阀，然后才能启动气源。待气源运行正常后，再与转子流量计系统相通。缓慢地调节放空阀，使气体流量调到所需要数值。湿式气体流量计运转数周后，便可开始测定。读取转子流量计示数，对比湿式气体流量计示数，并结合秒表示数则可计算出流量。在转子流量计测量范围内，测取 5～6 组数据。

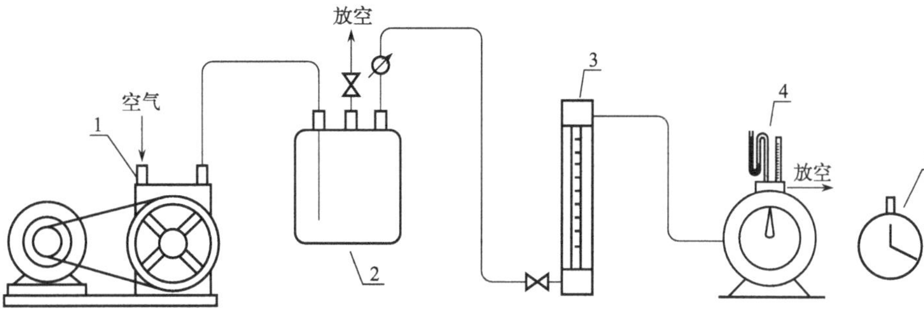

图 4-10 比较标定法标定装置

1—气源；2—缓冲罐；3—转子流量计；4—湿式气体流量计；5—秒表

5

食品工程原理综合实验项目

5.1　流体流动综合实验

5.1.1　流体流动阻力测定实验

（1）实验目的

① 熟练掌握测定流体流经圆直管和管件时的阻力损失的实验方法以及测定摩擦系数的工程意义。

② 学会用量纲分析法解决工程实际问题。

③ 学会压差计、流量计的使用方法以及识别管路中各管件、阀门的作用。

④ 通过测定不同流量状态下的摩擦系数，了解流体流动中能量损失的变化规律，认识工程实际中如何节能降耗、合理输送流体。

⑤ 测定流体在光滑直管、粗糙直管中流动时流动阻力和直管摩擦系数 λ，并确定直管摩擦系数 λ 与雷诺数 Re 和相对粗糙度之间的关系及其变化规律，并与经验公式比较。

⑥ 掌握坐标系的选用方法和对数坐标系的使用方法。

（2）基本原理

流体在管内流动时，由于黏性剪应力和涡流的存在，不可避免地要消耗一定的机械能。这种机械能的消耗包括流体流经直管时所造成的机械能损失（直管阻力损失）和流体通过管件、阀门时因流体运动方向和速度大小改变所引起的机械能损失（局部阻力损失）。

① 直管阻力损失。影响阻力损失的因素很多，尤其对湍流流体，目前尚不能完全用理论方法求解，必须通过实验研究其规律。对所需研究的过程做初步的实验和经验的归纳，尽可能地列出影响过程的主要因素。为了减少实验工作量，使实验结果具有普遍意义，必须采用量纲分析法将各变量组合为特征数关联式。根据量纲分析，影响阻力损失的因素有流体性质（密度 ρ、黏度 μ）、管路的几何尺寸（直径 d、管长 l、管壁粗糙度 ε）、流速 u。关系式为

$$\Delta p = f(d, u, \rho, \mu, \varepsilon, l) \tag{5-1}$$

经过量纲分析法处理，可组合成以下无量纲数群，即

$$\frac{\Delta p}{\rho u^2}=\Phi\left(\frac{du\rho}{\mu},\frac{1}{d},\frac{\varepsilon}{d}\right)\cdots \tag{5-2}$$

$$\frac{\Delta p}{\rho}=f\left(\frac{du\rho}{\mu},\frac{\varepsilon}{d}\right)\frac{l}{d}\times\frac{u^2}{2} \tag{5-3}$$

$$\lambda=f\left(\frac{du\rho}{\mu},\frac{\varepsilon}{d}\right) \tag{5-4}$$

则式（5-3）变为

$$h_f=\frac{\Delta p}{\rho}=\lambda\ \frac{l}{d}\times\frac{u^2}{2} \tag{5-5}$$

式中，λ 为摩擦系数。层流（滞流）时，$\lambda=64/Re$；湍流（紊流）时，λ 是雷诺数 Re 和相对粗糙度的函数，须由实验确定。

② 局部阻力损失。局部阻力损失可采用当量长度法和阻力系数法计算。

a. 当量长度法。流体流经管路中的管件、阀门等造成的损失，相当于流体流过与其具有相当管径长度的直管阻力损失，这个直管长度称为当量长度，用符号 l_e 表示。流体在管路中流动时的总阻力损失 h'_f 为

$$h'_f=\lambda\ \frac{l+\sum l_e}{d}\times\frac{u^2}{2} \tag{5-6}$$

式中 l——管路中直管长度；

$\sum l_e$——各种局部阻力的当量长度之和。

b. 阻力系数法。流体流过某一管件或阀门时的阻力损失用流体在管路中的动能系数来表示，这种计算局部阻力的方法，称为阻力系数法，即

$$h'_f=\xi\ \frac{u^2}{2} \tag{5-7}$$

式中 ξ——局部阻力系数；

u——在小截面管中流体的平均流速，m/s。

(3) 实验装置

常见流体流动阻力实验的实验装置由水箱，离心泵，不同管径、材质的水管，各种阀门、管件，涡轮流量计和差压变送器（或压差计）等组成。管路部分是两段并联的长直管，自上而下分别用于测定光滑管和粗糙管的直管阻力。测定局部阻力部分为管路连接中的阀门和各种弯头等。装置的流量使用涡轮流量计（或转子流量计）测量，通过流量计的电信号在控制面板上的仪表显示。管路和管件的阻力采用压差计测量，其通过差压变送器将压差信号传递给压差显示仪表直接读数。

常见的实验装置如图 5-1～图 5-3 所示。

根据实验装置示意图，也可在装置的主管路中增加局部阻力部件，与待测管串联并同时测量，如可以直接将阀门、弯头（等径或异径弯头）等串联在主管路中形成连续测量装置图，如图 5-4 所示。

(4) 实验操作要点

① 熟悉实验装置系统，尤其是各阀门的作用以及测压系统。

② 检查各阀门是否处于正确的启、闭状态，关闭离心泵的出口阀，启动泵。

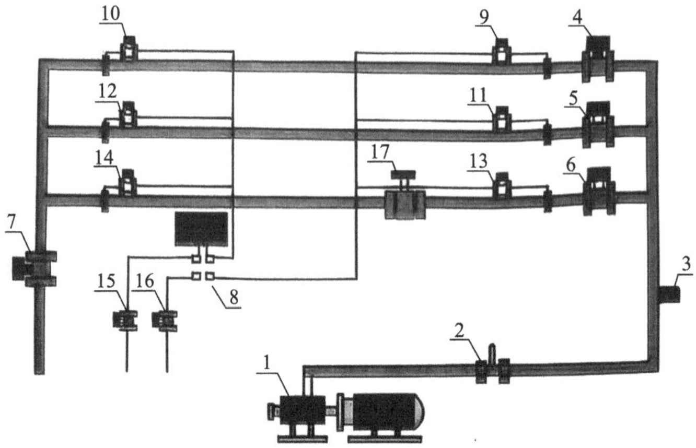

图 5-1 常见流体流动阻力测定装置示意图（一）

1—离心泵；2—涡轮流量计；3—测温点；4～6—管路进口阀；7—管路出口阀；8—差压变送器；9～14—引压阀；15、16—引压室排气阀；17—闸阀

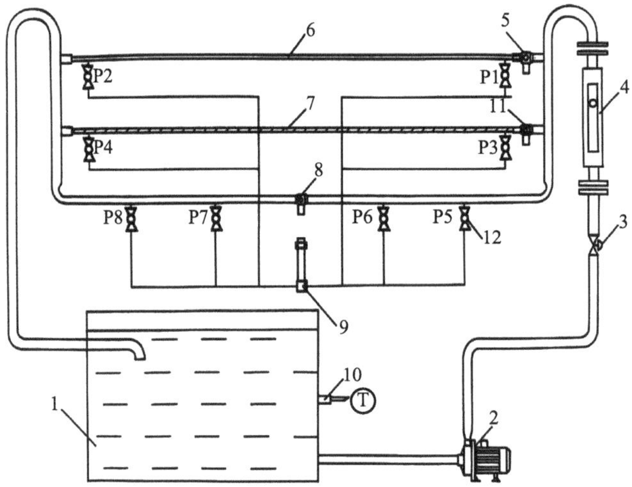

图 5-2 常见流体流动阻力测定装置示意图（二）

1—储水槽；2—离心泵；3—流量调节阀；4—流量计；5、11—球阀（导向阀）；6—滑管；7—粗糙管；8—局部阻力元件（闸阀）；9—压力传感器；10—温度计；12—导压阀；P1、P2—光滑管测压口；P3、P4—粗糙管测压口；P5、P8—远点测压口；P6、P7—近点测压口

③ 在测定实验数据前，首先要加大流量，赶走管路系统中的空气；打开测压管的放空阀，排尽测压系统的空气。

④ 选择待测管路，开启管路切换球阀，同时关闭其余各管路的切换球阀。

⑤ 用流量调节阀调节所测管路的流量，待流体流动稳定后，测取流量和压力差数据。在流量变化范围内，直管阻力测取 8～10 组数据，局部阻力测取 3～5 组实验数据。

⑥ 待数据测量完毕，关闭流量调节阀，关闭水泵，测水温；排尽余水，防锈防冻。

（5）注意事项

① 阀门开启、关闭时，一定要缓慢，切忌用力过猛过大，防止测量仪表因突然受压、减压而受损（如玻璃管断裂、阀门滑丝等）。

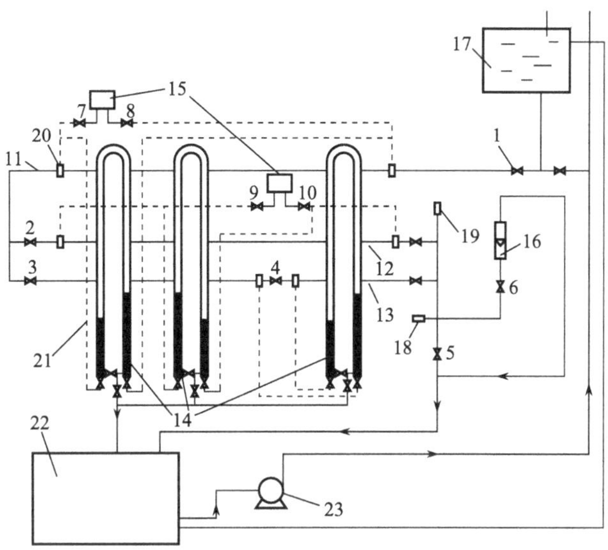

图 5-3 常见流体流动阻力测定装置示意图（三）

1—进水阀；2、3、5、7～10—球阀；4—闸阀；6—流量调节阀；11—光滑管；12—粗糙管；13—不锈钢管；14—倒 U 形管压差计（3 个）；15—差压传感器（2 个）；16—转子流量计；17—高位水槽；18—Pt100 温度传感器；19—温度计；20—均压环；21—测压导管；22—低位水池或水箱；23—水泵

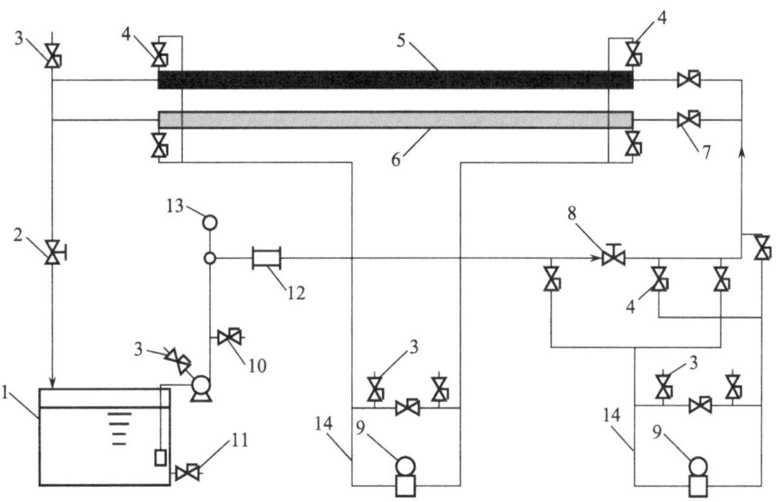

图 5-4 常见流体流动阻力测定装置示意图（四）

1—水槽；2—调节阀；3—放气阀；4—引压阀；5—光滑管；6—粗糙管；7—切换阀；8—闸阀；9—平衡阀；10—引水阀；11—放尽阀；12—流量计；13—温度计；14—压力变送器

② 启动离心泵之前，以及从光滑管阻力测量过渡到其他测量之前，都必须检查所有流量调节阀是否关闭。

③ 每调节一个流量，必须等管路中水流稳定后才可读数。

（6）数据处理与分析

① 将实验结果整理列在表格中，并以其中一组数据为例写出计算过程。

② 在双对数坐标上标绘光滑管和粗糙管的 λ-Re 关系曲线，根据光滑管和粗糙管的 λ-Re 关系曲线，说明粗糙度和雷诺数对摩擦系数的影响；对照 λ-Re 曲线，确定管路的相对粗糙

度和绝对粗糙度，并确定相对误差。

③ 根据所标绘的 λ-Re 曲线，求实验条件下层流区的 λ-Re 关系式，并与理论公式进行比较。

④ 根据局部阻力实验结果，求出闸阀全开时的平均局部阻力系数 ζ 值。

⑤ 对实验结果进行分析讨论。

（7）思考题

① 以水做介质所测得的 λ-Re 关系能否适用于其他流体？如何应用？

② 开启阀门要逆时针旋转，关闭阀门要顺时针旋转，为什么工厂操作会形成这种习惯？

③ 在对装置做排气工作时，是否一定要关闭流程尾部的出口阀？为什么？

④ 如何检测管路系统中的空气已经被排除干净？

⑤ 局部阻力损失的两种表示方法是什么？

⑥ 实验过程中平衡阀处于开启状态还是关闭状态？为什么？

5.1.2　离心泵特性曲线测定实验

（1）实验目的

① 认识食品生产过程中常用泵的种类，了解离心泵的结构与特性，学会离心泵的操作，掌握实验操作原理及使用注意事项。

② 根据实验实际装置绘制并熟悉装置流程图。

③ 熟悉操作流程，掌握离心泵性能参数及特性曲线的测定方法，测定离心泵在一定转速下的特性曲线。

④ 测定离心泵出口阀门开度一定时的管路特性曲线。

⑤ 掌握离心泵的串、并联组合操作，测定两泵串联时有效扬程（H）与有效流量（Q）之间的曲线关系。

⑥ 了解离心泵的工作点和流量调节。

（2）基本原理

① 离心泵的特性曲线 离心泵是食品生产中输送液体常用的设备，其主要性能参数有扬程 H、流量 Q、轴功率 N 及效率 η 等。离心泵特性曲线是在恒定转速下，扬程 H、辅功率 N、效率 η 与流量 Q 之间的关系曲线，它是液体在泵内流动规律的外部表现形式，是选择和使用离心泵的重要依据之一。根据离心泵的特性曲线，可以确定离心泵的最佳工作点，实际生产中根据生产任务所选取的离心泵应尽量让其在最高效率点附近工作。由于泵内部流动情况复杂，这一特性曲线不能用数学方法计算，只能依靠实验测定。

a. 流量 Q 的测定。用出口阀调节流量 Q，用涡轮流量计或差压式流量计来测定。

b. 扬程 H 的测定。在泵进、出口取截面列伯努利方程，得

$$H=h_0+\frac{p_2-p_1}{\rho g}+\frac{u_1^2-u_2^2}{2g} \tag{5-8}$$

式中　p_1，p_2——泵进、出口的压强，Pa；

ρ——液体密度，kg/m^3；

g——重力加速度，m/s^2；

u_1，u_2——泵进、出口的流速，m/s；

h_0——泵出口和进口间的位差，m。

c. 轴功率 N 的测量。离心泵的轴功率是泵轴所需要的功率，也就是电动机传给泵轴的功率。本实验不直接测量轴功率，而是采用三相功率表测量电动机的输入功率 $N_{电机}$，用电机功率乘以电机效率 $\eta_{电机}$ 与传动效率 $\eta_{传动}$（可视为 1）即可得泵的轴功率。

$$N = N_{电机}\ \eta_{电机}\ \eta_{传动} \tag{5-9}$$

d. 转速 n 的测定。泵轴的转速由电磁传感器采集，数值式转速表直接读出，单位为 r/min。泵轴的转速在作特性曲线时选恒定转速，一般为 2900r/min。

e. 效率 η 的测定。由于实际工况条件下离心泵中存在各种能量损失，轴功率仅有一部分提供给了液体。泵的效率 η 为泵的有效功率 N_e 与轴功率 N 的比值。有效功率 N_e 是流体单位时间内自泵得到的功，轴功率 N 是单位时间内泵从电机得到的功，两者差异反映了水力损失、容积损失和机械损失的大小。

泵的有效功率 N_e 可用式（5-10）计算

$$\eta = \frac{N_e}{N} = \frac{H\rho g Q}{N} \tag{5-10}$$

式中 N_e——泵的有效功率，kW；

N——轴功率，kW；

H——泵的扬程，m；

Q——流量，m^3/s；

ρ——液体密度，kg/m^3；

g——重力加速度，m/s^2。

② 管路特性曲线。当离心泵安装在特定的管路系统中工作时，实际的工作压头和流量不仅与离心泵本身的性能有关，还与管路特性有关，即在液体输送过程中，泵和管路二者是相互制约的。

管路特性曲线是指流体流经管路系统的流量与所需压头之间的关系。对于一定开度的阀门和特定的管路系统，管路特性方程中扬程与流量的平方成正比，若将此关系标绘在相应的坐标纸上，得到的 H-Q 曲线称为管路特性曲线。若将泵的特性曲线与管路特性曲线绘在同一坐标图上，两曲线交点即泵在该管路的工作点。通过改变阀门开度来改变管路特性曲线，可求出泵的特性曲线。同样地，也可通过改变泵转速来改变泵的特性曲线，从而得出管路特性曲线。该过程即离心泵的流量调节及工作点的移动过程。

具体测定时，应固定阀门某一开度不变（此时管路特性曲线一定），改变泵的转速，测出各转速下的流量以及相应的压力表、真空表读数，算出泵的压头 H，从而作出管路特性曲线。

（3）实验装置

常见离心泵特性曲线测定实验装置如图 5-5 所示，由离心泵和进出口管路、压力表、真空表、流量计和流量调节阀等组成测试系统。

实验材料为自来水，为节约起见，配置水箱循环使用，同时可以保证水箱的水位恒定。为了保证离心泵在启动时灌满水，排除泵壳内的空气，在泵的进口管路末端安装止逆底阀。设计泵性能测定装置时，应考虑以下几点：

① 测定装置应使管路系统的流动阻力尽可能小，避免发生流量上不去，曲线 η-Q 不出现最高点的情况。

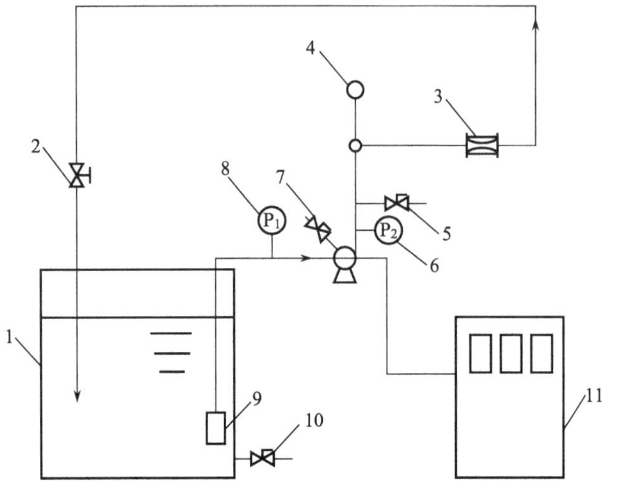

图 5-5 常见离心泵特性曲线测定实验装置

1—水槽；2—调节阀；3—流量计；4—温度计；5—引水阀；6—压力表；7—放气阀；8—真空表；9—止逆底阀；10—放尽阀；11—仪表控制面板

② 流量调节阀一般不设置在吸入管路，以免在关小阀门时发生汽蚀现象。流量调节阀也不宜装在离泵很远的出口管路上，否则在调节阀前面管段内积存空气时，会发生泵的喘振。一般流量调节阀宜安装在靠近泵出口的管路上。

③ 离心泵实验过程中的流体流量调节。通常，所选择离心泵的流量和压头可能会和管路中要求的不完全一致，或生产任务发生变化时，需要对离心泵进行流量调节，实质上是改变泵的工作点。由于工作点是由泵及管路特性共同决定的，因此，改变任一条特性曲线均可达到流量调节的目的。工业上，广泛采用出口阀门调节离心泵的流量，实际上是利用阀门的开度改变系统的阻力，从而达到调节流量的目的。从能量利用的角度看，这种方法并不合理。随着变频调速技术的完善，通过改变泵的转速来调节流量的方法在工业领域越来越多地被采用，它在经济上更为合理。

④ 实验数据范围和实验布点。离心泵 η-Q 曲线的变化规律是随流量 Q 的增大，离心泵效率 η 先随之增大，在达到最高点后，继续增大流量 Q，泵的效率 η 反而降低。所以在安排实验时，应特别注意正确确定流量的变化范围和数据点的分布。如果变化范围选择过于窄小，则得不到完整的正确结果，也就有可能看不到高效区。流量一般由零至最大调节，要合理分割流量进行实验布点，由于 η-Q 曲线有最大值出现，所以测试点不能采取均匀分配的方法。

(4) 实验操作要点

① 熟悉设备、流程及各仪表的操作及数据读取方法。

② 开启引水阀向泵内灌水，尽量排出泵中空气，排出空气后，关闭引水阀。

③ 关闭泵的出口调节阀。

④ 启动离心泵，打开功率表开关，开启各测试仪表，并将变频器调至某一位置，如 50Hz。

⑤ 用泵的出口阀调节流量。流量从最大到零取 12～15 个点。记录各流量及该流量下压力表、真空表、功率表的读数。根据离心泵效率极值点出现在大流量附近区的规律特点，实

验布点服从“大流量多布点，小流量少布点”的规则。

⑥ 测定管路特性曲线时，先将流量调节阀固定在某一开度，然后调节离心泵电动机频率（从大到小调节范围 50～20Hz），改变电动机转速，测取每一频率对应的流量和压力表、真空表、功率表的读数。

⑦ 全部数据记录之后，关闭出口调节阀，停泵，关闭总电源。

（5）注意事项

① 启动离心泵之前，必须检查所有流量调节阀是否关闭。

② 启动离心泵之前，一定要灌泵。

③ 测取数据时，应在流量为零至最大值之间合理地分布数据点。

（6）数据处理与分析

① 将实验数据和计算结果列在数据表（表 5-1）中，并以一组数据进行计算举例。采用相应的数据处理软件（或手工计算）进行数据处理，结果如表 5-2 所示。

② 在合适的坐标系上标绘离心泵的特性曲线，并在图上标出离心泵的各种性能（泵的型号和转速、高效区）。

③ 在上述坐标系上面作出某一阀门开度下的管路特性曲线（数据填入表 5-3），并标出工作点。

④ 根据实验所得到的三条曲线分析压头、轴功率及效率随流量变化的规律。分析为什么会出现这样的规律？对工业生产有什么指导意义？

⑤ 实验所得的三条曲线是否和常规离心泵的特性曲线形状一致？若不一致是如何造成的？

⑥ 试分析如果离心泵排出管路阻力过大（如管径较小、弯头过多），离心泵的特性曲线是否会发生变化？

表 5-1 离心泵特性曲线测定实验数据记录

装置号： 水温：

实验次数	流量/(m^3/h)	真空表读数/MPa	压力表读数/MPa	转速/(r/min)
1	15.76			
2	14.44			
3	13.49			
4	12.44			
……	……	……	……	……

表 5-2 离心泵特性曲线测定实验数据处理结果

实验次数	流量/(m^3/h)	扬程 H/m	轴功率 N/kW	效率 η
1	15.76			
2	14.44			
3	13.49			
4	12.44			
……	……	……	……	……

表 5-3 管路特性曲线测定实验数据记录

装置号： 水温：

序号	频率/Hz	流量/(L/s)	压力表/kPa	真空表/kPa	功率表/W
1	50				
2	45				
3	40				
……	……	……	……	……	……

(7) 思考题

① 启动离心泵前为什么要引水灌泵？若灌泵后泵仍不能正常运行，可能是什么原因？

② 为什么用泵的出口阀门调节流量？这种方法有什么优缺点？是否还有其他方法？

③ 正常工作的离心泵，在其进口管路上安装阀门是否合理？为什么？

④ 随着泵出口流量调节阀开度的增大，泵入口真空表读数是减少还是增加？泵出口压力表读数是减少还是增加？为什么？

⑤ 若改用其他液体进行实验，所测得的离心泵特性曲线是否会发生变化？试分析如何变化？

⑥ 本实验中，为得到较好的实验结果，实验流量范围下限应小到零，上限应尽量大，为什么？

⑦ 为什么离心泵启动时要关闭出口阀门？

5.1.3 流体机械能转化实验

(1) 实验目的

① 观察和测试不同流量下流体流过不同管径和位置时动能、位能、静压能的变化，加深对能量转换概念的理解。

② 掌握流体流动时各能量间的相互转换关系，在此基础上理解伯努利方程。

③ 观察流体在流动过程中的能量损失现象。

(2) 基本原理

流体在流动时具有三种机械能：动能、位能、静压能。这三种能量是可以相互转换的。不可压缩的流体在管路中稳定流动时，当管路条件改变时（如位置高低、管径大小），它们便会相互转化，其关系可由流动过程中能量衡算方程来描述，即

$$gz_1+\frac{u_1^2}{2}+\frac{p_1}{\rho}=gz_2+\frac{u_2^2}{2}+\frac{p_2}{\rho}+\sum h_f \tag{5-11}$$

式中 gz——每千克质量流体具有的位能，J/kg；

$u^2/2$——每千克质量流体具有的动能，J/kg；

p/ρ——每千克质量流体具有的静压能，J/kg；

$\sum h_f$——每千克质量流体在流动过程中的摩擦损失，J/kg。

对实际流体来说，因为存在内摩擦，流动过程中会有一部分机械能因摩擦和碰撞而转化为热能。转化为热能的机械能，在管路中是不能恢复的。对实际流体来说，两个截面上的机械能总和是不相等的，两者的差即为能量损失。

这样动能、位能、静压能三种机械能都可以用液柱高度来表示，分别称为位压头 H_z、动压头 H_w 和静压头 H_p。任意两个截面上，位压头、动压头、静压头三者总和之差即为损失压头 H_f。

（3）实验装置

实验装置如图 5-6 所示。测压管由不同直径、不同高度的管连接而成。在测压管不同位置处选择若干个测量点，每个测量点连接两个垂直测压管，其中一个测压管直接在管壁处连接，其液位高度反映测量点处静压头的大小，为静压头测压管；另一个测压管测口在管中心处正对水流方向，其液位高度为静压头和动压头之和，称为冲压头测压管。测压管液位高度可由装置上刻度尺读出。水由高位槽经测压管回到储水槽，储水槽中的水用泵打到高位槽，保证高位槽始终保持溢流状态。

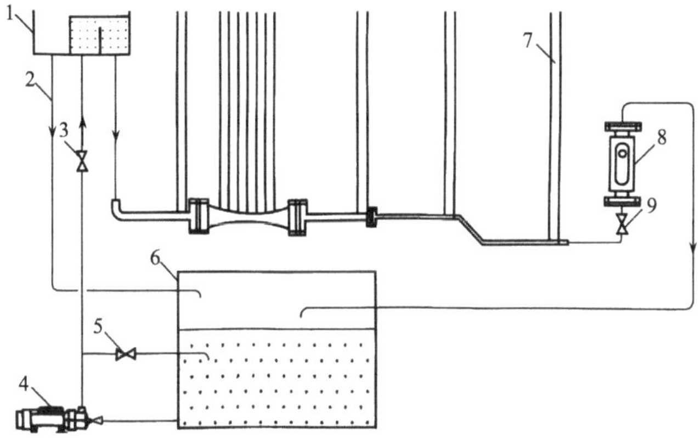

图 5-6　伯努利能量转换实验装置

1—高位槽；2—溢流管；3—离心泵出口流量调节阀；4—离心泵；5—离心泵回流阀；6—储水槽；7—测压管；8—流量计；9—流量调节阀

（4）实验操作要点

① 非流动体系的机械能分布及其转换演示时，将泵的出口和试验导管出口的调节阀全关闭，系统内的液体处于静止状态。此时，可观察到试验导管上的所有的测压管中的水柱高度都是相同的，其液面与溢流管内液面平齐。

② 流动体系的机械能分布及其转换。

a. 在储水槽中加入体积约 3/4 的蒸馏水，关闭离心泵出口流量调节阀和回流阀，启动离心泵。

b. 将实验管路上的流量调节阀全开，逐步开大离心泵出口调节阀 3 至高位槽溢流管有水溢流，流动稳定后观察并读取此时各测压管的液位高度。实验过程中，保证高位槽一直保持溢流状态。

c. 逐渐关小调节阀，改变流量，观察同一测压点及不同测压点各测压管液位的变化。

d. 关闭离心泵出口流量调节阀和回流阀后，关闭离心泵，实验结束。

（5）注意事项

① 不要将离心泵出口阀开得过大，以避免水从高位槽冲出和导致高位槽液面不稳定。

② 流量调节阀须缓慢地关小，以免流量突然下降使测压管中的水溢出。

③ 必须排除实验导管内的气泡。

5.1.4 边界层分离实验

（1）实验目的

观察流体流经固体壁面所产生的边界层及边界层分离的现象，增强对流体流动特性的感性认识。

（2）基本原理

实际流体沿着壁面流动，由于内部黏性作用，会在壁面处形成边界层。在实际工程中，物体的边界往往是曲面（流线型或非流线型物体）。当流体绕流物体时，一般会出现下列现象：物体表面上的边界层在某个位置开始脱离表面，并在物体表面附近出现与主流方向相反的回流，流体力学中称这种现象为边界层分离现象。

边界层分离时，在分离点（即驻点）后形成大大小小的旋涡，旋涡不断地被主流带走，在物体后面产生一个尾涡区。尾涡区内的旋涡不断地消耗有用的机械能，使该区的压强降低，即小于物体前和尾涡区外面的压强，从而在物体前后产生了压强差，形成了压差阻力。压差阻力的大小与物体的形状有很大关系，所以又称为形体阻力。

流体流经管件、阀门、管子进出口等局部的地方，由于流向的改变和流道的突然改变，都会出现边界层分离现象。工程上，为减小边界层分离造成的流体能量损失，常常将物体做成流线型。

（3）实验装置

实验装置如图 5-7 所示。离心泵将储水槽中的水送入演示仪中，再通过演示仪溢流回水管返回储水槽。在每个演示仪中，水由狭缝式流道流过，并通过在水流中掺入气泡的方法，演示出不同边界条件下的多种水流现象，并显示相应的流线。装置中每个演示仪均可组成独立的单元使用，也可以同时使用。为便于观察，每个演示仪为有机玻璃制成。

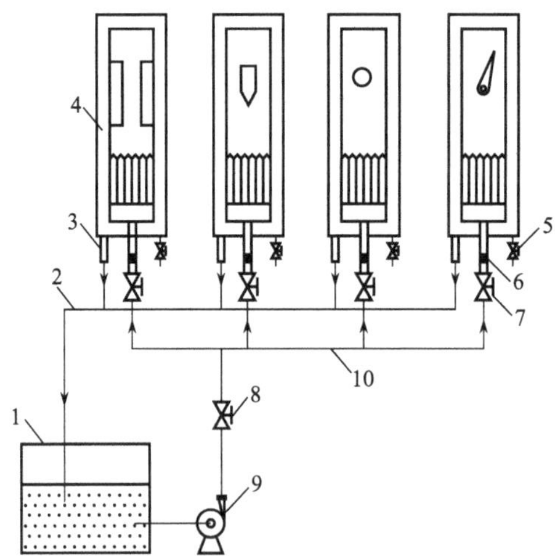

图 5-7　边界层演示实验装置

1—储水槽；2—回流管；3—溢流回水管；4—演示仪；5—排污阀；6—进气旋阀；7—进水阀；8—出水阀；9—离心泵；10—进水总管

几种流动演示仪说明（可根据需要设计其他形式的演示仪）如下。

Ⅰ型：显示管道突然扩大和突然收缩时的流动状况，观察旋涡区出现的位置、边界层分离点、流速变化情况等。

Ⅱ型：显示桥墩的流线，观察旋涡产生区，尾流区流动状况。

Ⅲ型：演示圆柱绕流的流线，观察流体在驻点的停止现象、边界层分离现象及卡门涡街现象。

Ⅳ型：演示机翼绕流的流线，观察水流绕过机翼时的流动情况。

（4）实验操作要点

为了达到更好的实验效果可同时给水添加颜料；实验中注意调节进气网的进气量，使气泡大小适中，流动演示得更清晰。

① 检查线路，确定电路安全，水泵正常。

② 开启水泵，调节出水阀 8 的开度使出水流量在适当的流量。

③ 打开欲进行演示的进水阀 7，控制流量。

④ 缓缓打开进气旋阀 6 调节气泡量，使演示仪能够清楚地观察到流线。

⑤ 为比较流体流过不同绕流体的流动情况，可同时选择几个流动演示仪进行实验。

⑥ 实验结束，关闭进气阀、各分支调节阀、总控制阀，最后关闭离心泵。

5.1.5 雷诺实验

（1）实验目的

① 了解管内流体质点的运动方式，认识不同流动型态的特点。

② 观察流体在管内流动的两种不同流型，测定临界雷诺数。

③ 观察流体层流流动的速度分布。

（2）基本原理

流体流动有两种不同型态，即层流（滞流）和湍流（紊流）。流体的流动型态取决于流体的流动速度 u、流体黏度 μ、流体密度 ρ 及流体流经的管道直径 d。若流体在圆管内流动，可用雷诺数式（5-12）判断流体的流型。

流体作层流流动时，其流体质点作直线运动，且互相平行；湍流时质点紊乱地向各个方向作不规则的运动，但流体的主体向某一方向流动。

$$Re=\frac{du\rho}{\mu} \tag{5-12}$$

对于一定温度的流体，在特定的圆管内流动，雷诺数仅与流体流速有关，本实验通过改变流体在管内的速度，观察在不同雷诺数下流体流型的变化。一般认为 $Re \leqslant 2000$ 时，流动为层流；$Re \geqslant 4000$ 时，流动为湍流；$2000 < Re < 4000$ 时，流动为过渡流，即有时为层流，有时为湍流，流动型态不稳定。

（3）实验装置

实验装置如图 5-8 所示。示踪剂采用红色墨水，由红色墨水瓶经乳胶管和玻璃注射管的细孔喷嘴，注入实验导管。细孔玻璃注射管（或注射针头）位于实验导管入口的轴线部位。

实验前应仔细调整示踪剂注入管的位置，使其处于实验管道的中心线上。向墨水瓶中加入适量稀释过的红墨水，作为示踪剂。关闭流量调节阀，打开进水阀，使水充满水箱并有一定的溢流，以保证水箱内的液位恒定。设法排尽系统中的气泡，使红墨水全部充满细管道中。

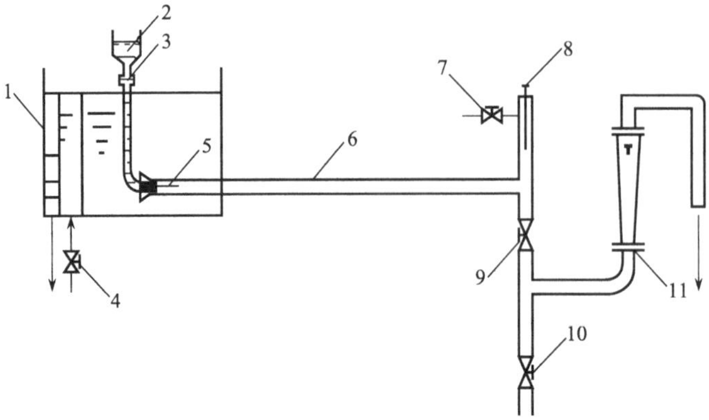

图 5-8　雷诺实验装置示意图

1—水箱；2—墨水瓶；3—乳胶管；4—进水阀；5—注射针头；6—实验导管；7—放气阀；8—温度计；9—流量调节阀；10—放水阀；11—流量计

（4）实验操作要点

调节进水阀，维持尽可能小的溢流量。

① 层流流动型态 实验时，先少许开启调节阀，将流速调至所需要的值。缓慢且适量地打开红墨水储瓶的调节阀，使红墨水的注入流速与实验导管中主体流体的流速相适应，一般以略低于主体流体的流速为宜。待流动稳定后，记录主体流体的流量。此时，在试验导管的轴线上，就可观察到一条平直的红色细流，好像一根拉直的红线一样。

② 湍流流动型态实验时，缓慢地加大调节阀的开度，使流量平稳地增大。玻璃导管内的流速也随之平稳地增大。同时，保持稳压溢流水槽内仍有一定溢流量，以确保试验导管内的流体始终为稳定流动。实验可观察到：实验导管轴线上呈直线流动的红色细流开始发生波动（此时应该仍属于层流）。随着流速的增大，红色细流的波动程度也随之增大，最后断裂成一段段的红色细流当流。流速继续增大时，红墨水进入试验导管后立即呈烟雾状分散在整个导管内，进而迅速与主体水流混为一体，使整个管内流体染为红色，以致无法辨别红墨水的流线。

5.2　传热传质综合实验

5.2.1　传热综合实验

（1）实验目的

① 掌握对流传热系数 α_i 的测定方法，加深对其概念和影响因素的理解。

② 掌握用线性回归分析法确定关联式 $Nu=ARe^mPr^{0.4}$ 中的常数 A、m 的值。

③ 通过对管程内部插有螺旋线圈的空气-水蒸气强化套管换热器的实验研究，测定其强化比。

④ 了解强化传热的基本理论和基本方式。

（2）基本原理

当冷热流体在换热器内进行定态传热时，该换热器同时满足热量衡算和传热速率方程式。若忽略热损失，则

热量衡算式为

$$Q=W_{c}C_{p,c}(t_{2}-t_{1})=W_{h}C_{p,h}(T_{1}-T_{2}) \tag{5-13}$$

传热速率方程式为

$$Q=KS\Delta t_{m} \tag{5-14}$$

以管内表面积为基准计算的总传热系数 K 为

$$\frac{1}{K_{i}}=\frac{1}{\alpha_{i}}+R_{i}+\frac{bd_{i}}{\lambda d_{i}}+\frac{R_{0}d_{i}}{d_{0}}+\frac{d_{i}}{\alpha_{0}d_{0}} \tag{5-15}$$

本实验中，传热过程采用管外水蒸气冷凝加热管内空气，则热阻主要集中在管内空气传热一侧，则

$$\alpha_{i}\approx K_{i}=\frac{Q}{S_{i}\Delta t_{m}} \tag{5-16}$$

对流传热系数与流体的物理性质、流动状态及换热器的几何结构有关，通过量纲分析，得到式（5-17）

$$Nu=f(Re,Pr,Gr) \tag{5-17}$$

在强制传热条件下，$Nu=f(Re，Pr)$ 或 $Nu=ARe^{m}Pr^{n}$。

式中，Nu 为$\frac{\alpha d}{\lambda}$；Re 为$\frac{lu\rho}{\mu}$；Pr 为$\frac{C_{p}\mu}{\lambda}$。在本实验中，空气被加热，故 n 取 0.4。

（3）实验设备

① 套管换热器实验简介。

a. 光滑套管换热器对流传热系数 α_{i} 的测定。

在该传热实验中，空气走内管，蒸汽走外管。对流传热系数 α_{i} 可以根据牛顿冷却定律，用实验来测定

$$\alpha_{i}=\frac{Q_{i}}{\Delta t_{m}\times S_{i}} \tag{5-18}$$

式中　α_{i}——管内流体对流传热系数，W/(m^{2}·℃)；

Q_{i}——管内传热速率，W；

S_{i}——管内换热面积，m^{2}；

Δt_{m}——内壁面与流体间的温差，℃。

$$\Delta t_{m}=t_{w}-\frac{t_{1}+t_{2}}{2} \tag{5-19}$$

式中　t_{1}，t_{2}——冷流体的入口、出口温度，℃；

t_{w}——壁面平均温度，因为换热器内壁为紫铜管，其导热系数很大，且管壁很厚，故认为内壁温度、外壁温度和管面平均温度近似相等，℃。

管内换热面积为

$$S_{i}=\pi d_{i}L_{i} \tag{5-20}$$

式中　d_{i}——内管内径，m；

L_{i}——传热管测量段的实际长度，m。

根据热量衡算式

$$Q_{i}=W_{m}C_{p,m}(t_{2}-t_{1}) \tag{5-21}$$

其中质量流量由下式求得：

$$W_m=\frac{V_m\rho_m}{3600} \tag{5-22}$$

式中 V_m——冷流体在套管内的平均体积流量，m^3/h；

$C_{p,m}$——冷流体的定压比热容，kJ/(kg·℃)；

ρ_m——冷流体的密度，kg/m^3。

$C_{p,m}$ 和 ρ_m 可根据定性温度 t_m 查得，$t_m=\frac{t_1+t_2}{2}$ 为冷流体进出口平均温度。t_1、t_2、t_w、V_m 可采取一定的测量手段得到。

b. 对流传热特征数关联式的实验确定。

流体在管内作强制湍流，被加热状态，特征数关联式的形式为

$$Nu=ARe^mPr^n \tag{5-23}$$

式中，Nu 为$\frac{\alpha_i d_i}{\lambda_i}$；$Re$ 为$\frac{u_m d_i\rho_m}{\mu_m}$；$Pr$ 为$\frac{C_{p,m}\mu_m}{\lambda_m}$。

物性数据 λ_m、$C_{p,m}$、μ_m 可根据定性温度 t_m 查得。经过计算可知，对于管内被加热的空气，普朗特数 Pr 变化不大，可以认为是常数，则关联式的形式简化为

$$Nu=ARe^mPr^{0.4} \tag{5-24}$$

这样通过实验确定不同流量下的 Re 与 Nu，然后用线性回归方法确定 A 和 m 的值。

② 强化套管换热器传热系数、特征数关联式及强化比的测定。

强化传热又被学术界称为第二代传热技术，它能减小初设计的传热面积，以减小换热器的体积和重量；提高现有换热器的换热能力；使换热器能在较低温差下工作；并且能够减少换热器的阻力以减少换热器的动力消耗，更有效地利用能源和资金。强化传热的方法有多种，本实验装置是采用在换热器内管插入螺旋线圈的方法来强化传热。

螺旋线圈的结构图如图 5-9 所示，螺旋线圈由直径 3mm 以下的铜丝和钢丝按一定节距绕成。将金属螺旋线圈插入并固定在管内，即可构成一种强化传热管。在近壁区域，流体由于螺旋线圈的作用而发生旋转，同时还周期性地受到螺旋线圈金属丝的扰动，因而可以使传热强化。由于绕制线圈的金属丝很细，流体旋流强度也较弱，所以阻力较小，有利于节省能源。螺旋线圈是以线圈节距 H 与管内径 d 的比值为技术参数，且长径比是影响传热效果和阻力系数的重要因素。科学家通过实验研究总结了形式为 $Nu=BRem$ 的经验公式，其中 B 和 m 的值因螺旋丝尺寸不同而不同。

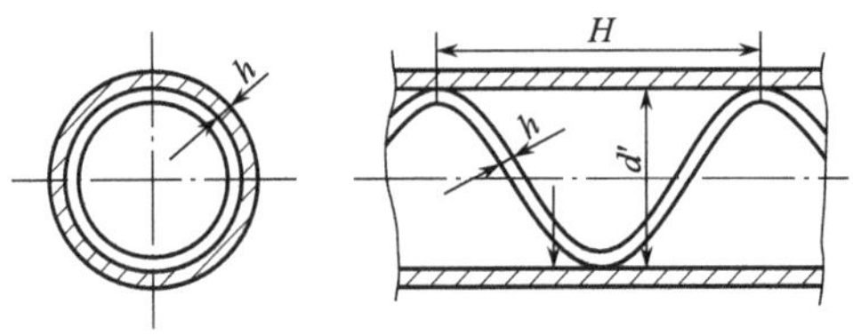

图 5-9 螺旋线圈内部结构

采用和光滑套管同样的实验方法确定不同流量下的 Re_i 与 Nu，用线性回归方法可确定 B 和 m 的值。

单纯研究强化手段的强化效果（不考虑阻力的影响），可以用强化比的概念作为评判准则，它的形式是 Nu/Nu_0。其中，Nu 是强化管的努塞尔数，Nu_0 是光滑管的努塞尔数。显然，强化比 $Nu/Nu_0>1$，而且其值越大，强化效果越好。

（4）实验流程和设备主要技术参数

① 设备主要技术数据见表 5-4。

表 5-4 实验装置结构参数

<table>
<tr><th>实验装置</th><th colspan="2">参数</th></tr>
<tr><td>实内内径 d/mm</td><td colspan="2">20.00</td></tr>
<tr><td>实内管外径 d_0/mm</td><td colspan="2">22.0</td></tr>
<tr><td>实验外内径 D_i/mm</td><td colspan="2">50</td></tr>
<tr><td>实验外外径 D_0/mm</td><td colspan="2">57.0</td></tr>
<tr><td>测量段（紫铜内管）长度 L/m</td><td colspan="2">1.00</td></tr>
<tr><td rowspan="2">强化内管内插物（螺旋线圈）尺寸</td><td>丝径 h/mm</td><td>1</td></tr>
<tr><td>节距 H/mm</td><td>40</td></tr>
<tr><td rowspan="2">加热釜</td><td>操作电压/V</td><td>200</td></tr>
<tr><td>操作电流/A</td><td>10</td></tr>
</table>

② 实验流程如图 5-10 所示。

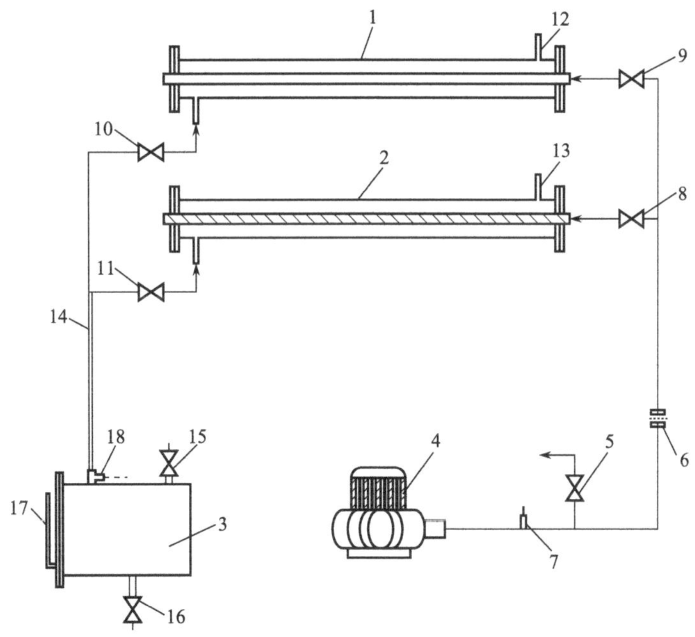

图 5-10 空气-水蒸气传热综合实验装置流程图

1—普通套管换热器；2—内插有螺旋线圈的强化套管换热器；3—蒸汽发生器；4—旋涡气泵；5—旁路调节阀；6—孔板流量计；7—风机出口温度（冷流体人口温度）测试点；8、9—空气支路控制阀；10、11—蒸汽支路控制阀；12、13—蒸汽放空口；14—蒸汽上升主管路；15—加水口；16—放水口；17—液位计；18—冷凝液回流口

③ 实验的测量手段。

a. 空气流量的测量。空气流量计由孔板与差压变送器和二次仪表组成。该孔板流量计

在 20℃时标定的流量和压差的关系式为

$$V_{t_1}=V_{20}\sqrt{\frac{273+t_1}{273+20}} \tag{5-25}$$

式中 V_{20}——20℃时体积流量，m^3/h；

V_{t_1}——流量计处体积流量，也是空气入口体积流量，m^3/h；

t_1——流量计处温度，也是空气入口温度，℃。

流量计在实际使用时往往不是 20℃，此时需要对该读数进行校正：$V_{20}=22.696\ (\Delta p^{0.5})$。$\Delta p$ 指孔板流量计两端压差（kPa）。

由于换热器内温度的变化，传热管内的体积流量需进行校正：

$$V_m=V_{t_1}\times\frac{273+t_m}{273+t_1} \tag{5-26}$$

式中 V_m——传热管内平均体积流量，m^3/h；

t_m——传热管内平均温度，℃。

b. 温度的测量。空气进出口温度采用 Cu50 铜电阻温度计测得，由多路巡检表以数值形式显示，温度计有四个仪表，最左边的为温度计仪表，其正下方旋钮对准值分别对应不同位置处的温度（普通管空气进口温度、普通管空气出口温度、强化管空气进口温度、强化管空气出口温度、加热釜水温）。壁温采用热电偶温度计测量，光滑管的壁温由显示表的上排数据读出，强化管的壁温由显示表的下排数据读出。

c. 电加热釜。电加热釜是产生水蒸气的装置，使用体积为 7L（加水至液位计的上端红线），内装有一支 2.5kW 的螺旋形电热器。当水温为 30℃时，用 200V 电压加热，约 25min 后水便沸腾。为了安全和长久使用，建议最高加热（使用）电压不超过 200V（由固态调压器调节）。

为了防止实验过程中液位过低，加热器干烧而使其损坏，加热釜中有一个液位自动报警装置，如果液位过低会发出鸣叫以示提醒。

d. 气源（鼓风机）。鼓风机又称旋涡气泵，在本实验装置上，产生的最大和最小空气流量基本满足要求，使用过程中，输出空气的温度呈上升趋势。

（5）实验方法及步骤

① 实验前的准备和检查工作。

a. 向电加热釜加水至液位计上端红线处。

b. 检查空气流量旁路调节阀是否全开。

c. 检查蒸气管支路各控制阀是否已打开，保证蒸汽和空气管线的畅通。

d. 接通电源总闸，设定加热电压，启动电加热器开关，开始加热。

② 实验开始，见图 5-10。

a. 关闭通向强化套管的阀门 11，打开通向简单套管的阀门 10，当简单套管换热器的蒸汽放空口 12 有水蒸气冒出时，可启动风机，此时要关闭阀门 8，打开阀门 9。在整个实验过程中始终保持换热器出口处有水蒸气冒出。

b. 启动风机后用阀门 5 来调节流量，调好某一流量后稳定 5～10min 后，分别测量空气的流量，空气进、出口的温度及壁面温度。然后，改变流量测量下组数据。一般小流量到最大流量之间，要测量 5～6 组数据。

c. 做完简单套管换热器的数据后，要进行强化管换热器实验。先打开蒸汽支路控制阀 11，全部打开阀门 5，关闭阀门 10，关闭阀门 9，打开阀门 8，进行强化管传热实验。

③ 实验结束后，依次关闭加热电源、风机和总电源。将一切复原。

(6) 实验数据记录与处理

① 已知数据及相关计算式。

a. 传热管内径 $d_i=20\text{mm}$，管长 $L=0.99\text{m}$。

b. 传热面积 $S_i=\pi d_i L$。

c. 流通截面积 $F=\frac{\pi}{4}d_i^2$。

d. 定性温度 $a_t=\frac{t_1+t_2}{2}$。其中，t_1、t_2 分别为空气进、出口温度。

e. 空气流过测量段的平均体积 V (m^3/h)，$V_{t_1}=20.034\times\Delta p^{0.5098}$，$V=V_{t_1}\times\frac{273+a_t}{273+t_1}$。

f. 冷热流体间的平均温度差 $\Delta t_m=T_w-a_t$。

g. 传热速率 $Q=V\times\rho_{a_t}\times C_{p,a_t}\times\Delta t/3600$，其中 $\Delta t=t_2-t_1$。

h. 总传热系数 $K=\frac{Q}{S_i\Delta t_m}$，由于 $\alpha_i\gg\alpha_0$，故 $K_i=\alpha_i$。

i. 传热努塞尔数 $Nu=\frac{\alpha_i d_i}{\lambda}$。

j. 测量段空气平均流速 $u=V/(F\times3600)$。

② 数据记录与处理见表 5-5。

表 5-5 实验数据记录与处理

项目	1	2	3	4	5	6
进口温度 t_1/℃						
出口温度 t_2/℃						
E/MV						
压力差 Δp/Pa						
定性温度 a_t/℃						
密度 ρ/(kg/m^3)						
比热容 C_{p,a_t}/[J/(kg·K)]						
导热系数 λ_{a_t}/[W/(m·K)]						
黏度 u_{a_t}/(Pa·s)						
Pr $(C_{p,a_t}/\lambda_{a_t})$						
平均壁温 T_w/℃						
进口体积 V_{t_1}/(m^3/h)						
平均体积 V/(m^3/h)						
$\Delta t_m=T_w-a_t$/℃						

续表

项目	1	2	3	4	5	6
总传热速率 Q/W						
总传热系数 K/[W/(m^2·K)]						
Nu [$\alpha_i d_i/(\lambda_{a_t})$]						
平均流速 u/(m/s)						
Re ($d_i u \rho_{a_t}/\mu_{a_t}$)						

（7）注意事项

① 检查蒸汽加热釜中的水位是否在正常范围内。特别是每个实验结束后，进行下一实验之前，如果发现水位过低，应及时补水。

② 必须保证蒸汽上升管线的畅通，即在给蒸汽加热釜电压之前，两蒸汽支路阀门之一必须全开。在转换支路时，应先开启需要的支路阀，再关闭另一侧，且开启和关闭阀门必须要慢，防止管线截断或蒸汽压力过大突然喷出。

③ 必须保证空气管线的畅通，即在接通风机电源之前，两个空气支路控制阀之一和旁路调节阀必须全开。在转换支路时，应先关闭风机电源，然后开启和关闭支路阀。

④ 调节流量后，应至少稳定 5～10min 后读取实验数据。

⑤ 实验中保持上升蒸汽量的稳定，不应改变加热电压，且保证蒸汽放空口一直有蒸汽放出。

（8）思考题

① 在实验中，有哪些因数影响实验的稳定性？

② 影响传热系数 K 的因素有哪些？

③ 在传热中，有哪些工程因素可以调节？你在操作中主要调节哪些因素？

5.2.2 空气-水蒸气套管换热实验

（1）实验目的

① 了解间壁式传热元件，掌握给热系数测定的实验方法。

② 掌握热电阻测温的方法，观察水蒸气在水平管外壁上的冷凝现象。

③ 学会给热系数测定的实验数据处理方法，了解影响给热系数的因素和强化传热的途径。

（2）实验原理

在工业生产过程中，大量情况下，冷、热流体系通过固体壁面（传热元件）进行热量交换，称为间壁式换热。如图 5-11 所示，间壁式传热过程由热流体对固体壁面的对流传热、固体壁面的热传导和固体壁面对冷流体的对流传热所组成。

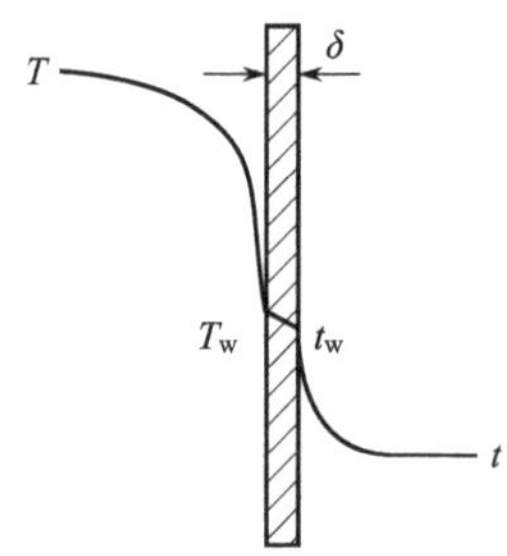

图 5-11　间壁式传热过程示意图

在不考虑热损失的情况下，达到传热稳定时，有

$$Q_{热流体放热}=Q_{冷流体吸热}$$

即

$$q_{m_1}C_{p_1}(T_1-T_2)=q_{m_2}C_{p_2}(t_2-t_1) \tag{5-27}$$

$$\alpha_1 A_1 (T-T_w)_m = \alpha_2 A_2 (t_w - t)_m = KA\Delta t_m \tag{5-28}$$

式中　Q——传热量，J/s；

q_{m_1}——热流体的质量流率，kg/s；

C_{p_1}——热流体的比热，J/(kg·℃)；

T_1——热流体的进口温度，℃；

T_2——热流体的出口温度，℃；

q_{m_2}——冷流体的质量流率，kg/s；

C_{p_2}——冷流体的比热，J/(kg·℃)；

t_1——冷流体的进口温度，℃；

t_2——冷流体的出口温度，℃；

α_1——热流体与固体壁面的对流传热系数，W/(m²·℃)；

A_1——热流体侧的对流传热面积，m²；

$(T-T_w)_m$——热流体与固体壁面的对数平均温差，℃；

α_2——冷流体与固体壁面的对流传热系数，W/(m²·℃)；

A_2——冷流体侧的对流传热面积，m²；

$(t_w-t)_m$——固体壁面与冷流体的对数平均温差，℃；

K——以传热面积 A 为基准的总给热系数，W/(m²·℃)；

Δt_m——冷热流体的对数平均温差，℃。

热流体与固体壁面的对数平均温差可由式（5-29）计算。

$$(T-T_w)_m = \frac{(T_1 - T_{w_1}) - (T_2 - T_{w_2})}{\ln \dfrac{T_1 - T_{w_1}}{T_2 - T_{w_2}}} \tag{5-29}$$

式中　T_{w_1}——冷流体进口处热流体侧的壁面温度，℃；

T_{w_2}——冷流体出口处热流体侧的壁面温度，℃。

固体壁面与冷流体的对数平均温差可由式（5-30）计算。

$$(t_w - t)_m = \frac{(t_{w_1} - t_1) - (t_{w_2} - t_2)}{\ln \dfrac{t_{w_1} - t_1}{t_{w_2} - t_2}} \tag{5-30}$$

式中　t_{w_1}——冷流体进口处冷流体侧的壁面温度，℃；

t_{w_2}——冷流体出口处冷流体侧的壁面温度，℃。

热、冷流体间的对数平均温差可由式（5-31）计算。

$$\Delta t_m = \frac{(T_1 - t_2) - (T_2 - t_1)}{\ln \dfrac{T_1 - t_2}{T_2 - t_1}} \tag{5-31}$$

当在套管式间壁换热器中，环隙通以水蒸气，内管管内通以冷空气或水进行对流传热系数测定实验时，则由式（5-32）得内管内壁面与冷空气或水的对流传热系数。

$$\alpha = \frac{m_2 C_{p2} (t_2 - t_1)}{A_2 (t_w - t)_m} \tag{5-32}$$

实验中测定紫铜管的壁温 t_{w_1}、t_{w_2} 和冷空气或水的进出口温度 t_1、t_2，实验用紫铜管的长度 l、内径 d_2，$A_2=\pi d_2 l$；冷流体的质量流量，即可计算 α_2。

然而，直接测量固体壁面的温度，尤其管内壁的温度，实验技术难度大，而且所测得的数据准确性差，带来较大的实验误差。因此，通过测量相对较易测定的冷热流体温度来间接推算流体与固体壁面间的对流给热系数就成为人们广泛采用的一种实验研究手段。

由式（5-33），可得

$$K_2=\frac{m_2C_{p_2}(t_2-t_1)}{A\Delta t_m} \tag{5-33}$$

实验测定 m_2、t_1、t_2、T_1、T_2 并查取 $t_{平均}=\frac{1}{2}(t_1-t_2)$ 下冷流体对应的 C_{p_2}，换热面积 A，即可由上式计算得总给热系数 K。

① 近似法求算对流给热系数 α_2。以管内壁面积为基准的总给热系数与对流给热系数间的关系为

$$\frac{1}{K}=\frac{1}{\alpha_2}+R_{S_2}+\frac{bd_2}{\lambda d_m}+R_{S_1}\frac{d_2}{d_1}+\frac{d_2}{\alpha_1 d_1} \tag{5-34}$$

式中 d_1——换热管外径，m；

d_2——换热管内径，m；

d_m——换热管的对数平均直径，m；

b——换热管的壁厚，m；

λ——换热管材料的导热系数，W/(m·℃)；

R_{S_1}——换热管外侧的污垢热阻，m^2·K/W；

R_{S_2}——换热管内侧的污垢热阻，m^2·K/W。

用本装置进行实验时，管内冷流体与管壁间的对流给热系数［W/(m^2·K)］为几十到几百；而管外为蒸汽冷凝，冷凝给热系数 α_1 可达 10^4 W/(m^2·K)，非常大，因此冷凝传热热阻 $\frac{d_2}{\alpha_1 d_1}$ 可忽略；同时蒸汽冷凝较为清洁，因此换热管外侧的污垢热阻也可忽略。实验中的传热元件材料采用紫铜，导热系数为 383.8W/(m·K)，壁厚为 2.5mm，因此换热管壁的导热热阻可忽略。若换热管内侧的污垢热阻 R_{S_2} 也忽略不计，则由式（5-35）得

$$\propto_2\approx K \tag{5-35}$$

由此可见，被忽略的传热热阻与冷流体侧对流传热热阻相比越小，此法所得的数据准确性就越高。

② 冷流体质量流量的测定。实验中，以孔板流量计测冷流体的流量，则

$$q_{m_2}=\rho q_v \tag{5-36}$$

式中，q_v 为冷流体进口处流量计读数；ρ 为冷流体进口温度下对应的密度。

③ 冷流体物性与温度的关系式。在 0～100℃，冷流体的物性与温度的关系有如下拟合公式。

空气的密度与温度的关系式：

$$\rho=10^{-5}t^2-4.5\times10^{-3}t+1.2916 \tag{5-37}$$

空气的比热与温度的关系式：

60℃以下 $C_p = 1005\text{J}/(\text{kg}\cdot℃)$

70℃以上 $C_p = 1009\text{J}/(\text{kg}\cdot℃)$

空气的导热系数与温度的关系式：

$$\lambda = -2\times10^{-8}t^2 + 8\times10^{-5}t + 0.0244 \tag{5-38}$$

空气的黏度与温度的关系式：

$$\mu = (-2\times10^{-6}t^2 + 5\times10^{-3}t + 1.7169)\times10^{-5} \tag{5-39}$$

（3）实验装置与设备

① 实验装置。实验装置如图 5-12 所示。

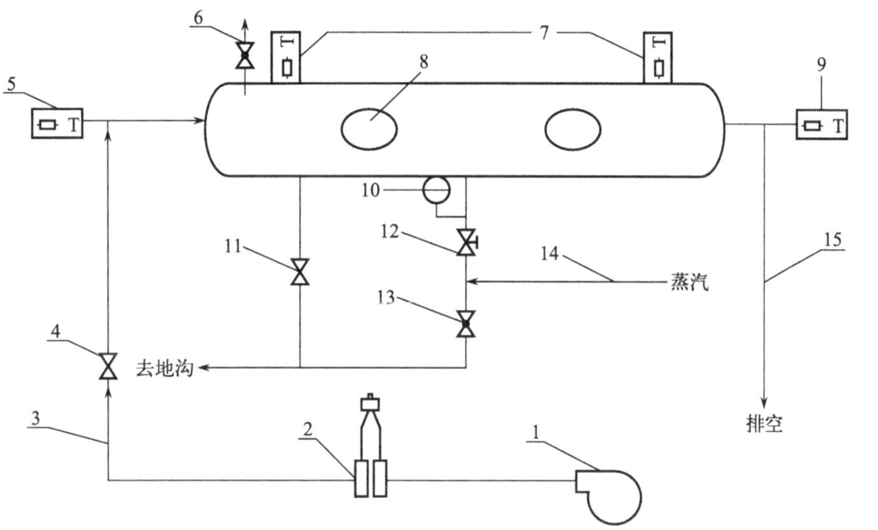

图 5-12 空气-水蒸气换热流程图

1—风机；2—孔板流量计；3—冷流体管路；4—冷流体进口阀；5—冷流体进口温度检测；6—不凝气体放空阀；7—蒸汽温度检测装置；8—视镜；9—冷流体出口温度检测；10—压力表；11—冷凝水排净阀；12—蒸汽进口阀；13—入口蒸汽放空阀；14—蒸汽进口管路；15—冷流体出口管路

来自蒸汽发生器的水蒸气经管路 14 和蒸汽温度检测装置 7 进入不锈钢套管换热器的环隙，与来自风机的空气在套管换热器内进行热交换。冷凝水经阀 11 和阀 13 排入地沟。冷空气依次经孔板流量计 2、冷流体进口阀 4 进入套管换热器内管（紫铜管），热交换后经管路 15 排出。

② 设备与仪表规格。

a. 紫铜管规格：ϕ21mm×2.5mm，长度 L=1000mm。

b. 外套不锈钢管规格：ϕ100mm×5mm，长度 L=1000mm。

c. 铂热电阻及无纸记录仪温度显示。

d. 全自动蒸汽发生器及蒸汽压力表。

（4）实验过程

① 实验准备。

a. 打开控制面板上的总电源开关，打开仪表电源开关，使仪表通电，观察仪表显示是否正常。

b. 实验用蒸汽准备。先在蒸汽发生器中灌满清水，然后开启发生器电源，使水处于加热状态。待蒸汽压力达到一定值（机器已内置）后，系统会自动处于保温状态。

c. 打开控制面板上的风机电源开关，启动风机，在 c1000 仪表上面给输出一个开度，按功能键，找到 MV 值，通过调节增加和减少键来改变它的开度大小，通常在手动状态下运行系统，如果要采用自动方式，在 MV 的这个界面上长按左移键进行手自动切换，然后给出设定值 SV 一个数值，通过调节 PID 参数（长按确认键，进入密码输入界面，按确认键进入系统组态画面，通过左右移动键选择控制菜单，再按确认键进入通过调节 PID 数值，让它对应达到一个稳态）。同时打开冷流体进口阀，令套管换热器里通一定流量的空气。

d. 打开两个冷凝水放净阀，系统内残留的冷凝水。

e. 系统预热：仔细调节蒸汽阀的开度，控制蒸汽压力不超过 0.01MPa，让蒸汽慢慢流入系统中，使系统由“冷态”逐渐转变为“热态”，此预热时间不得少于 10min，以防不锈钢管换热器因突然受热、受压而爆裂。

② 实验步骤。

a. 自动调节冷空气进口流量时，可通过组态软件或者仪表调节风机转速频率来改变冷流体的流量到一定值，在每个流量条件下，均须待热交换过程稳定后记录实验数值。依次从大到小调节空气流量，再次稳定后读取所有应测数据，数据应不少于 10 组，且应合理分布。

b. 记录 10 组实验数据后，可结束实验。先关闭蒸汽发生器，关闭蒸汽进口阀，关闭仪表电源，待系统逐渐冷却后关闭风机电源，待冷凝水流尽，关闭冷凝水出口阀，关闭总电源。待蒸汽发生器内的水冷却后将水排尽。

③ 注意事项。

a. 先打开冷凝水排空阀，注意只开一定的开度，开得太大会使换热器里的蒸汽跑掉，开得太小会使换热不锈钢管里的蒸汽压力增大而导致不锈钢管炸裂。

b. 一定要在套管换热器内管输以一定量的空气后，方可开启蒸汽阀门，且必须在排除蒸汽管线上原先积存的冷凝水后，方可把蒸汽通入套管换热器中。

c. 刚开始通入蒸汽时，要仔细调节蒸汽进口阀的开度，让蒸汽徐徐流入换热器中，逐渐加热，由“冷态”转变为“热态”，不得少于 10min，以防止不锈钢管因突然受热、受压而爆裂。

d. 操作过程中，蒸汽压力必须控制在 0.02MPa（表压）以下，以免造成对装置的损坏。

e. 确定各参数时，必须是在稳定传热状态下，随时注意蒸汽量的调节和压力表读数的调整。

（5）实验原始数据记录表格

实验原始数据记录表格见表 5-6。

表 5-6 实验原始数据记录表

序号	空气流量 $q_v/(m^2 \cdot h^{-1})$	空气入口温度 t_1/℃	空气出口温度 t_2/℃	蒸汽入口温度 T_1/℃	蒸汽出口温度 T_2/℃
1					
2					
3					
4					
5					

续表

序号	空气流量 $q_v/(m^2 \cdot h^{-1})$	空气入口温度 $t_1/℃$	空气出口温度 $t_2/℃$	蒸汽入口温度 $T_1/℃$	蒸汽出口温度 $T_2/℃$
6					
7					
8					
9					
10					

(6) 实验报告

① 计算冷流体给热系数的实验值。

② 根据冷流体给热系数的准数式 $Nu/Pr^{0.4}=ARe^m$，由实验数据作图拟合曲线方程，确定式中常数 A 及 m。

③ 以 $\ln(Nu/Pr^{0.4})$ 为纵坐标，$\ln Re$ 为横坐标，将处理实验数据的结果标绘在图上，并与经验式 $Nu/Pr^{0.4}=0.023Re^{0.8}$ 比较。

(7) 思考题

① 实验中冷流体和蒸汽的流向，对传热效果有何影响？

② 在计算空气质量流量时所用到的密度值与求雷诺数时的密度值是否一致？它们分别表示什么位置的密度，应在什么条件下进行计算？

③ 实验过程中，冷凝水不及时排走，会产生什么影响？如何及时排走冷凝水？如果采用不同压强的蒸汽进行实验，对式 (5-32) 中的 α 有何影响？

5.2.3 干燥特性曲线测定实验

(1) 实验目的

① 了解洞道式干燥装置的基本结构、工艺流程和操作方法。

② 掌握恒定干燥条件下物料干燥曲线和干燥速率曲线的测定方法。

③ 掌握恒定干燥条件下恒速阶段对流传热系数和传质系数的测定方法。

(2) 实验内容

① 测定恒定干燥条件下干燥曲线和干燥速率曲线，确定临界含水量和恒速干燥速率。

② 测定恒速干燥阶段空气与物料间的对流传热系数和传质系数。

(3) 实验原理

在设计干燥器的尺寸或确定干燥器的生产能力时，被干燥物料在给定干燥条件下的干燥速率、临界湿含量和平衡湿含量等干燥特性数据是最基本的技术依据参数。由于实际生产中的被干燥物料的性质千变万化，因此对于大多数具体的被干燥物料而言，其干燥特性数据常常需要通过实验测定。

按干燥过程中空气状态参数是否变化，可将干燥过程分为恒定干燥条件操作和非恒定干燥条件操作两大类。若用大量空气干燥少量物料，则可以认为湿空气在干燥过程中温度、湿度均不变，再加上气流速度、与物料的接触方式不变，则称这种操作为恒定干燥条件下的干燥操作。

① 干燥速率的定义。

干燥速率定义为单位干燥面积（提供湿分汽化的面积）、单位时间内所除去的湿分质量，即

$$U=\frac{\mathrm{d}W}{A\,\mathrm{d}\tau}=-\frac{G_{\mathrm{c}}\,\mathrm{d}X}{A\,\mathrm{d}\tau} \tag{5-40}$$

式中 U——干燥速率（干燥通量），$\mathrm{kg/(m^2 \cdot s)}$；

A——干燥表面积，$\mathrm{m^2}$；

W——汽化的湿分量，kg；

τ——干燥时间，s；

G_{c}——绝干物料的质量，kg；

X——物料湿含量，kg 湿分/kg 干物料，负号表示随干燥时间的增加而减少。

② 干燥速率的测定方法。

将湿物料试样置于恒定空气流中进行干燥实验，随着干燥地进行，水分不断汽化，湿物料质量减少。若记录物料不同时刻时湿物料的质量 G，直到物料质量不变为止，也就是物料在该条件下达到干燥极限为止，此时留在物料中的水分就是平衡水分 X^*。再将物料烘干后称重得到绝干物料重 G_{c}，则物料中瞬间含水率 X 为

$$X=\frac{G-G_{\mathrm{c}}}{G_{\mathrm{c}}} \tag{5-41}$$

计算出每一时刻的瞬间含水率 X，然后将 X 对干燥时间 τ 作图，即为干燥曲线，如图 5-13 所示。

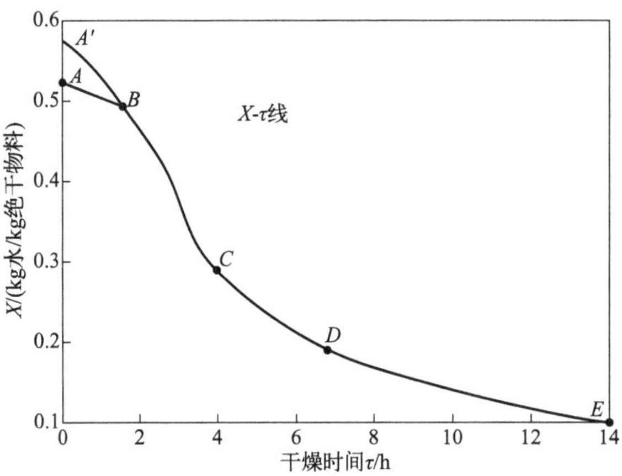

图 5-13 恒定干燥条件下的干燥曲线

上述干燥曲线还可以换得到干燥速率曲线。由已测得的干燥曲线求出不同 X 下的斜率 $\frac{\mathrm{d}X}{\mathrm{d}\tau}$，再由式（5-40）计算得到干燥速率 U，将 U 对 X 作图，即得干燥速率曲线，如图 5-14 所示。恒速干燥阶段的干燥速率 U_{c} 可以由干燥速率曲线读出。

③ 干燥过程分析。

a. 预热段：见图 5-13、图 5-14 中的 AB 段或 $A'B$ 段。物料在预热段中，含水率略有下降，温度则升至湿球温度 t_{w}，干燥速率可能呈上升趋势变化，也可能呈下降趋势变化。预

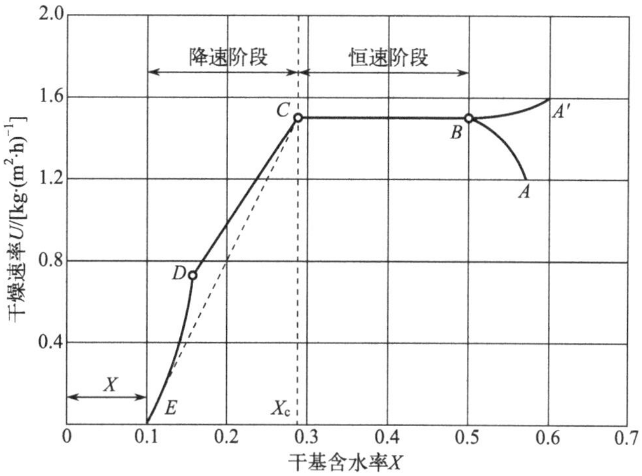

图 5-14 恒定干燥条件下的干燥速率曲线

热段经历的时间很短，通常在干燥计算中忽略不计，有些干燥过程甚至没有预热段。

b. 恒速干燥阶段：见图 5-13、图 5-14 中的 BC 段。该段物料水分不断汽化，含水率不断下降。但由于这一阶段去除的是物料表面附着的非结合水分，水分去除的机理与纯水的相同，故在恒定干燥条件下，物料表面始终保持为湿球温度 t_w，传质推动力保持不变，因而干燥速率也不变。于是，在图 5-14 中，BC 段为水平线。只要物料表面保持足够湿润，物料的干燥过程就处于恒速阶段。而该段的干燥速率大小取决于物料表面水分的汽化速率，即取决于物料外部的空气干燥条件，故该阶段又称为表面汽化控制阶段。

c. 降速干燥阶段：随着干燥过程地进行，物料内部水分移动到表面的速度赶不上表面水分的汽化速率，物料表面局部出现“干区”。尽管这时物料其余表面的平衡蒸汽压仍与纯水的饱和蒸汽压相同，传质推动力也仍为湿度差，但以物料全部外表面计算的干燥速率因“干区”的出现而降低，此时物料中的含水率称为临界含水率，用 X_c 表示，对应图 5-14 中的 C 点，称为临界点。过 C 点以后，干燥速率逐渐降低至 D 点，CD 段称为降速第一阶段。

干燥到 D 点时，物料全部表面都成为干区，汽化面逐渐向物料内部移动，汽化所需的热量必须通过已被干燥的固体层才能传递到汽化面；从物料中汽化的水分也必须通过这层干燥层才能传递到空气主流中。干燥速率因热、质传递的途径加长而下降。此外，在 D 点以后，物料中的非结合水分已被除尽。接下去所汽化的是各种形式的结合水。因此，平衡蒸汽压将逐渐下降，传质推动力减小，干燥速率也随之较快地降低，直至到达 E 点时，速率降为零。这一阶段称为降速第二阶段。

降速阶段干燥速率曲线的形状随物料内部的结构而异，不一定都呈现前面所述的曲线 CDE 形状。对于某些多孔性物料，可能降速两个阶段的界限不是很明显，曲线好像只有 CD 段；对于某些无孔性吸水物料，汽化只在表面进行，干燥速率取决于固体内部水分的扩散速率，故降速阶段只有类似 DE 段的曲线。

与恒速阶段相比，降速阶段从物料中除去的水分量相对少许多，但所需的干燥时间却长得多。总之，降速阶段的干燥速率取决于物料本身结构、形状和尺寸，而与干燥介质状况关系不大，故降速阶段又称物料内部迁移控制阶段。

d. 对流传热系数和传质系数的计算。

恒速干燥阶段，物料表面和空气间的传热及传质过程与湿球温度计类似，对流传热速率

$$\frac{dQ}{A\,dt}=\alpha(t-t_w) \tag{5-42}$$

水分自物料表面汽化的速率

$$\frac{dW}{A\,dt}=k_H(H_w-H) \tag{5-43}$$

并且空气传给湿物料的显热恰好等于水分汽化所需的热量，即

$$dQ=r_w dW \tag{5-44}$$

将以上各式代入式（5-45）中，可得恒速干燥阶段的干燥速率

$$U_c=k_H(H_w-H)=\frac{\alpha}{r_w}(t-t_w) \tag{5-45}$$

式中 α——空气至湿物料的对流传热系数，W/(m^2·℃)；

k_H——以湿度差为推动力的传质系数，kg/(m^2·s)；

r_w——水在湿球温度 t_w 时的汽化潜热，kJ/kg；

H_w——湿空气在温度 t_w 下的饱和湿度，kg 水/kg 干气；

H——空气的湿度，kg 水/kg 干气。

因此，对流传热系数和传质系数的计算公式分别为

$$\alpha=\frac{U_c r_w}{t-t_w} \tag{5-46}$$

$$k_H=\frac{U_c}{H_w-H} \tag{5-47}$$

根据热空气的干球温度 t 和相对湿度 φ 可计算出湿度 H

$$H=0.622\frac{\varphi p_s}{p-\varphi p_s} \tag{5-48}$$

式中 p_s——干球温度下水的饱和蒸汽压，kPa；

p——总压，kPa。

根据 t 和 φ 或 t 和 H，可由空气的温度-湿度（t-H）图或者焓-湿（I-H）图查出相应的湿球温度 t_w，再根据 t_w 查取 r_w。

H_w 的计算公式为

$$H_w=0.622\frac{p_w}{p-p_w} \tag{5-49}$$

式中 p_w——湿球温度下水的饱和蒸汽压，kPa。

（4）实验装置及流程

干燥特性曲线测定装置流程图如图 5-15 所示。鼓风机将新鲜空气送入系统，经孔板流量计计量流量并经电加热器加热，经均布器进入洞道与湿物料接触，一部分热空气可经循环阀返回循环使用，另一部分热空气经出口阀放空。湿物料质量由传感器或天平测量。

设备主要技术参数：鼓风机 BYF7122，370W；电加热器额定功率 4.5kW；干燥室 180mm×180mm×1250mm；干燥物料湿毛毡 90mm×90mm×4mm（以实际测量为准）；称重传感器 SH-18 型，0～200g；称重天平 0～500g。

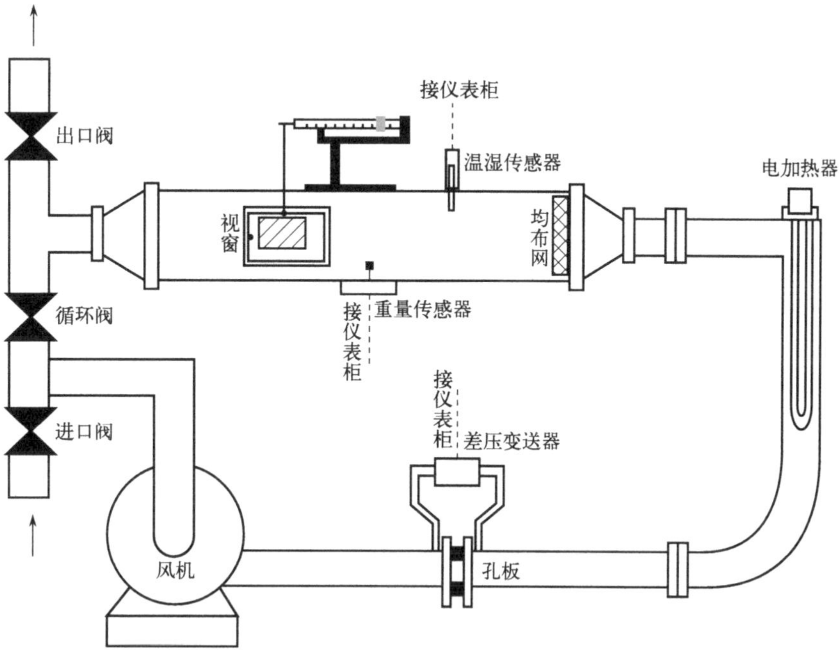

图 5-15 干燥特性曲线测定装置流程示意图

（5）实验步骤

① 提前将毛毡浸泡在水中。

② 打开实验装置的进气阀门和排气阀门，保持全开，关闭循环阀。

③ 打开仪表电源，打开风机开关，流量约为 $140m^3/h$。

④ 打开加热开关，长按控制面板左上角按钮，直至显示面板左下角字母由手动模式（M）变为自动模式（A），在此模式下通过“增加”和“减少”按键，设置加热温度（SV值）为 70.0℃。

⑤ 观察干球温度计（读取 PV 值）、湿球温度计（实际显示值为相对湿度,%）以及流量值，当达到稳定后，从水中取出湿毛毡，试样控水至无水珠滴下，装入干燥洞道支架托上或挂在天平钩上。注意应迅速开关观察窗门。

⑥ 启动秒表开始计时，利用天平或者传感器减重计时，即按一定的减重重量记录所需时间，建议失重 0.5～1g，直至重量不再变化为止。后期若发现时间间隔较长而减少的重量达不到要求，则可减少减重重量，记录实际所需的时间，也可固定时间间隔，记录重量的变化。

⑦ 待毛毡恒重时，即为实验结束。关闭加热，戴上隔热手套，取下毛毡，用电子天平称重，用直尺测量表面积（侧面可忽略不计）。

⑧ 关闭风机，切断总电源，整理实验设备。

（6）实验注意事项

① 实验中不能有水滴从毛毡上滴下。

② 用隔热手套放取毛毡，防止烫伤。

③ 必须先开风机，后开加热器，防止加热管被烧坏。停止时，关闭加热器后应待加热部分冷却以后再关风机。

④ 实验过程中，若采用天平称重，应注意连杆不要接触连通孔器壁。

⑤ 天平和传感器读数均不是真实重量，需要用电子天平校正。

(7) 实验原始数据记录表格

① 实验原始数据记录表格，如表 5-7 所示。

表 5-7 实验原始数据记录表

序号	时间/min	湿物料重量/g	序号	时间/min	湿物料重量/g
1			12		
2			13		
3			14		
4			15		
5			16		
6			17		
7			18		
8			19		
9			20		
10			21		
11			……		

② 根据原理部分的公式，计算各时间下的物料湿含量 X 和干燥速率 U，如表 5-8 所示。

表 5-8 实验处理数据记录表

序号	物料湿含量/(kg/kg)	干燥速率/[kg/(m^2·s)]	序号	物料湿含量/(kg/kg)	干燥速率/[kg/(m^2·s)]
1			12		
2			13		
3			14		
4			15		
5			16		
6			17		
7			18		
8			19		
9			20		
10			21		
11			……		

(8) 实验报告

① 绘制干燥曲线。

② 根据干燥曲线绘制干燥速率曲线。

③ 读取物料的临界湿含量和恒速干燥阶段的干燥速率。

④ 计算恒速阶段的对流传热系数和传质系数。

⑤ 对实验结果进行分析讨论。

(9) 思考题

① 什么是恒定干燥条件？本实验装置中采用了哪些措施来保持干燥过程在恒定干燥条件下进行？

② 恒速和降速干燥阶段速率的控制因素分别是什么？

③ 为什么要先启动风机，再启动加热器？

④ 实验过程中干球温度和湿球温度是否变化，为什么？

⑤ 如何判断实验已经结束？

⑥ 若加大热空气流量，干燥速率曲线有何变化？恒速干燥速率、临界湿含量又如何变化，为什么？

5.2.4 填料塔吸收传质系数测定实验

(1) 实验目的

① 了解填料塔吸收装置的基本结构及流程。

② 掌握填料塔流体力学特性。

③ 掌握填料吸收塔的吸收总传质系数的测定方法。

(2) 实验内容

① 测定干填料层及两种不同液体喷淋密度下单位床层压降 $\Delta p/Z$ 与空塔气速 u 的关系曲线，并确定液泛气速；

② 测量在固定气体流量、不同液体喷淋密度时，用水吸收空气-CO_2 混合气体中 CO_2 的总传质单元数 N_{OL} 和体积吸收系数 K。

(3) 基本原理

① 填料塔流体力学性能的测定。填料塔通常采用圆柱形塔体，在塔内，填料装填在栅板式填料支承装置上形成填料层，装置采用了金属丝网波纹填料。气体一般由塔的下方进入，通过支撑板向上通过填料层；液体入塔后通过塔上方的分布器均匀喷洒在填料层上，在填料表面形成液膜，并使从塔底上升的气体增强湍动，为气液接触传质提供良好的条件。

填料塔传质性能好坏与操作条件密切相关，该方面性能的直接体现就是填料塔的流体力学特性，包括填料层压强降和液泛规律。气体通过单位高度填料层的压降 $\Delta p/Z$ 与空塔气速 u 的关系可表示为

$$\frac{\Delta p}{Z}=un \tag{5-50}$$

在双对数坐标中 $(\Delta p/Z)$-u 应为一条直线，直线斜率为 n。$(\Delta p/Z)$-u 关系曲线受喷淋密度影响，对干填料层，n 值为 1.8～2.0，在有喷淋液时，随喷淋量增加，n 值增加，最大可达到 10 左右。在 n 取值较大时，随空塔气速增加，床层压降迅速增加，直至造成液泛，破坏操作。测定填料层 $(\Delta p/Z)$-u 曲线成为控制操作气速和喷淋密度的必要前提。

本实验以水和空气为介质，通过测定干填料以及不同液体喷淋密度下的压降与空塔气速，了解填料塔的压降与空塔气速的关系以及不同液体流量下的液泛点。

② 体积吸收系数 K_xa 的测定。气体吸收是典型的传质过程之一。吸收过程是依据气相

中各溶质组分在液相中溶解度的不同而分离气体混合物的单元操作。在化学工业中，吸收操作广泛用于气体原料净化、有用组分回收、产品制备和废气治理等方面。本实验采用水作为吸收剂，用于吸收空气中的 CO_2 组分。该实验是为了让同学们了解工厂处理含 CO_2 废气并合理绿色排放的过程；同时理解气液传质的过程和传质系数测定的方法。由于 CO_2 以吸收的计算方法可按低浓度气体吸收过程来处理，并且此体系在水中的溶解度很小，所以 CO_2 气体的吸收过程属于液膜控制。因此，本实验主要测定传质单元数 N_{OL} 和体积吸收系数 K_xa。填料塔在特定条件下的吸收能力可以填料层的体积吸收系数表示。在满足低浓度吸收假定，塔正常逆流操作时，填料层高度 Z 的计算式可表示为

$$Z=H_{OL}N_{OL}=\frac{L}{K_xa}\frac{x_{出}-x_{入}}{\Delta x_m} \tag{5-51}$$

式中 L——通过单位面积床层的液体流量（液流密度），$kmol/(m^2 \cdot s)$；

$x_{入}$，$x_{出}$——入、出塔的液相摩尔分数；

H_{OL}——液相传质单元高度，m；

N_{OL}——液相传质单元数；

K_xa——液相体积传质系数，$kmol/(m^3 \cdot s)$。

液相传质平均推动力 Δx_m 的计算式为

$$\Delta x_m=\frac{\Delta x_{入}-\Delta x_{出}}{\ln\frac{\Delta x_{入}}{\Delta x_{出}}} \tag{5-52}$$

$$\Delta x_{入}=\Delta x_{入}^*-\Delta x_{入}=y_{出}/m-x_{入} \tag{5-53}$$

$$\Delta x_{出}=\Delta x_{出}^*-\Delta x_{出}=y_{入}/m-x_{出} \tag{5-54}$$

本实验的平衡关系可写成

$$y=mx \tag{5-55}$$

式中，m 为相平衡常数，kPa，$m=E/p$，其中，E 为亨利系数，$E=f(t)$，kPa；p 为总压，101.3kPa。

测定吸收塔稳态操作时进出塔的气体流量和液体流量，根据床层直径 D 可计算气流和液流密度 G、L。本实验采用转子流量计测得空气和水的流量，并根据实验条件（温度和压力）和有关公式换算成空气和水的摩尔流量。

测定塔顶和塔底气相组成 $y_{出}$、$y_{入}$，根据物料衡算计算 $x_{入}$、$x_{出}$。对清水而言，$x_{入}=0$，由全塔物料衡算式（5-56）可得 $x_{出}$。

$$G(y_{入}-y_{出})=L(x_{出}-x_{入}) \tag{5-56}$$

计算出 N_{OL} 之后，根据填料层高度 Z 和式（5-51），即可得到总体积吸收系数 K_xa。

（4）实验装置及流程

① 装置流程。实验装置流程图如图 5-16 所示。

吸收剂水从自来水水源经水箱由水泵送入填料塔塔顶，由喷头喷淋在填料顶层。由风机送来的空气和由 CO_2 钢瓶来的 CO_2 混合后，一起进入气体混合罐，然后再进入塔底，与水在塔内进行逆流接触，进行质量和热量的交换，由塔顶出来的尾气放空。由于本实验为低浓度气体的吸收，所以热量交换可略，整个实验过程看成是等温操作。

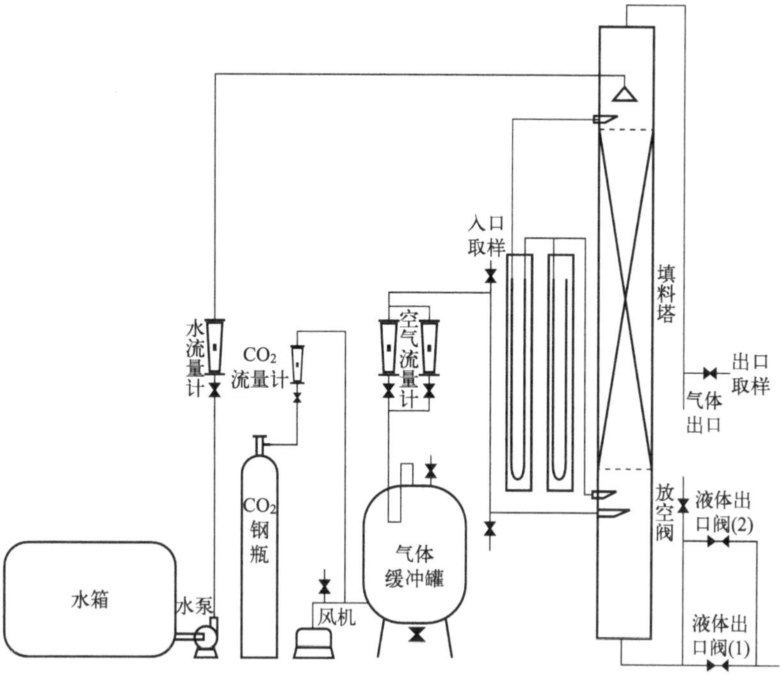

图 5-16 填料塔吸收传质系数测定实验装置流程图

② 主要设备参数。

a. 吸收塔。高效填料塔，塔径 100mm，塔内装有金属丝网波纹规整填料，填料层总高度 2000mm。塔顶有液体初始分布器，塔中部有液体再分布器，塔底部有栅板式填料支承装置。填料塔底部有液封装置，以避免气体泄漏。

b. 填料规格和特性。金属丝网波纹规整填料型号 JWB-700Y，规格 ϕ100mm×100mm，比表面积 $700m^3/m^2$。

c. 转子流量计。参数如表 5-9 所示。

表 5-9 转子流量计参数

流体种类	条件			
	最大流量	最小刻度	标定介质	标定条件
CO_2	8L/min	0.2L/min	空气	20℃，1.0133×10^5Pa
空气	$4m^3/h$	$0.5m^3/h$	空气	20℃，1.0133×10^5Pa
	$25m^3/h$	$2.5m^3/h$	空气	20℃，1.0133×10^5Pa
水	1000L/h	100L/h	水	20℃，1.0133×10^5Pa

d. 空气风机。旋涡式气泵。

e. CO_2 钢瓶。

f. 奥氏分析仪。

(5) 实验步骤与注意事项

① 实验步骤。

a. 熟悉实验流程及弄清奥氏分析仪操作方法。

b. 打开混合罐底部排空阀，放掉空气混合贮罐中的冷凝水，然后关闭该阀门。

c. 打开仪表电源开关及风机电源开关，进行仪表自检。

d. 测定干填料层（$\Delta p/Z$)-u 关系曲线。全开气体旁路阀后，启动鼓风机，利用空气流量计组合调节进塔的空气流量，按空气流量从小到大的顺序读取填料层压降 Δp、空气静压力及空气温度；在对空气流量进行校正后，在双对数坐标纸上以空塔气速 u 为横坐标，以单位填料层高度上的压降 $\Delta p/Z$ 为纵坐标，绘制干填料层压降关系曲线。

e. 测量一定喷淋液流量下填料层（$\Delta p/Z$)-u 关系曲线。缓慢增大气速直至接近液泛，使填料充分润湿，然后降低到预定气速，在水喷淋量分别为 $0.5m^3/h$ 和 $0.8m^3/h$ 条件下进行测定。采用上述相同方法读取空气流量、空气静压力、空气温度和填料层压降数据，绘制湿填料层压降关系曲线。

f. 测定液相总传质单元数 N_{OL} 和液相总体积吸收系数 $K_x a$。打开 CO_2 钢瓶总阀，并缓慢调节钢瓶的减压阀。选择适宜的空气流量和水流量，建议水流量 $0.6m^3/h$。空气取液泛流量的75%，建议为 $3m^3/h$。调整混合气体中 CO_2 的摩尔分数为0.1，可根据空气流量计读数，调节 CO_2 流量为5L/min。系统达到稳定后，同时读取各流量计读数、塔内压力与气液温度，并分别在塔进出口抽取气体样品，注意取样时尽量不要破坏塔内稳定。

g. 用奥氏分析仪或红外传感器测定样品气体浓度。使用奥氏分析仪时，必须先熟悉图示奥式分析仪的组成及原理，明确各旋塞的通向及功能，检查系统是否漏气。

h. 实验完毕，先关闭水转子流量计、进水阀门，再关闭 CO_2 转子流量计和钢瓶，最后关闭空气转子流量计及风机电源开关。先关水再关气的目的是防止液体从进气口倒压破坏管路及仪器。清理实验仪器和实验场地。

② 注意事项。

a. 固定好操作参数后，应随时注意调整以保持各量不变。

b. 在填料塔操作条件改变后，需要有较长的稳定时间，一定要等到稳定以后方能读取有关数据。

c. 接近液泛时，进塔空气量应小幅增加，密切观察填料表面气液接触状况，并注意填料层压降变化幅度。此时压降很难达到稳定，因此读取数据和调节空气量的动作要快。

d. 液泛后填料层压降会明显上升，此时应注意避免气速过大导致过分液泛。

（6）实验报告（表5-10～表5-12）

① 在双对数坐标纸上以 u 为横坐标，（$\Delta p/Z$）为纵坐标作图，标绘干填料层和一定喷淋液流量下（$\Delta p/Z$)-u 关系曲线，确定液泛点。

② 依据气体浓度测定的数据，计算总传质单元数和总体积吸收系数。

表5-10　干填料层的压降关系实验原始数据

序号	气体流量/(m^3/h)	U形压差计1/mmH_2O	U形压差计2/mmH_2O	气体温度/℃
1				
2				
3				
4				
5				

表 5-11 一定喷淋液流量下的压降关系实验原始数据

序号	气体流量 /(m^3/h)	气体温度 /℃	U 形压差计 1 /mmH_2O	U 形压差计 2 /mmH_2O	液体流量 /(L/h)	液体温度 /℃
1						
2						
3						
4						
5						
6						
7						
8						
9						
10						

表 5-12 吸收传质系数的测量原始数据

二氧化碳气体流量/(L/min)	
混合气体流量/(m^3/h)	
混合气体温度/℃	
吸收液流量/(L/h)	
吸收液温度/℃	
U 形压差计 1/mmH_2O	
U 形压差计 2/mmH_2O	
塔顶尾气浓度	
塔底入口处混合气体浓度	
吸收剂入口处浓度	
吸收尾液浓度	

(7) 思考题

① 本实验中，为什么塔底要有液封？液封高度如何控制？

② 测定 $K_x a$ 有什么工程意义？

③ 为什么二氧化碳吸收过程属于液膜控制？

④ 当气体温度和液体温度不同时，应用什么温度计算亨利系数？

5.2.5 筛板式精馏塔实验

(1) 实验目的

① 熟悉板式精馏塔的结构、性能与操作。

② 掌握不同操作条件下全塔效率的测定方法。

③ 了解精馏操作中各项操作因素之间的关系与相互影响。

(2) 实验内容

① 测定精馏塔在全回流条件下稳定操作后的全塔理论塔板数和总板效率。

② 测定精馏塔在部分回流条件下稳定操作后的全塔理论塔板数和总板效率。

(3) 实验原理

对于二元物系，如已知其汽液平衡数据，则根据精馏塔的原料液组成、进料热状况、操作回流比及塔顶馏出液组成、塔底釜液组成可以求出该塔的理论板数 N_T，可以得到总板效率 E_T，其中 N_p 为实际塔板数。

$$E_T = \frac{N_T}{N_p} \times 100\% \tag{5-57}$$

部分回流时，进料热状况参数的计算式为

$$q = \frac{c_{p_m}(t_b - t_F) + r_m}{r_m} \tag{5-58}$$

式中 t_F——进料温度，℃；

t_b——进料的泡点温度，℃；

c_{p_m}——进料液体在平均温度 $(t_F + t_b)/2$ 下的比热，kJ/(kmol·℃)；

r_m——进料液体在其组成和泡点温度下的汽化潜热，kJ/kmol。

$$c_{p_m} = c_{p_1} M_1 x_1 + c_{p_2} M_2 x_2 \tag{5-59}$$

$$r_m = r_1 M_1 x_1 + r_2 M_2 x_2 \tag{5-60}$$

式中 c_{p_1}，c_{p_2}——分别为纯组分 1 和组分 2 在平均温度下的比热，kJ/(kg·℃)；

r_1，r_2——分别为纯组分 1 和组分 2 在泡点温度下的汽化潜热，kJ/kg；

M_1，M_2——分别为纯组分 1 和组分 2 的摩尔质量，kJ/kmol；

x_1，x_2——分别为纯组分 1 和组分 2 在进料中的摩尔分数。

(4) 实验装置

① 实验设备流程图。精馏实验装置流程图如图 5-17 所示。

② 实验设备主要技术参数。精馏塔实验装置结构参数如表 5-13 所示。

表 5-13 精馏塔实验装置结构参数

名称	直径/mm×高/mm	板数/块	板型，孔径/mm	材质
塔体	76×3.5	15	筛板，2.0	不锈钢
塔釜	220×2			不锈钢
塔顶冷凝器	89×3.5			不锈钢
塔釜冷凝器	76×3.5			不锈钢

③ 实验仪器及试剂。

a. 实验物系：乙醇-正丙醇。

b. 实验物系纯度要求：化学纯或分析纯。

c. 实验物系平衡关系如表 5-14 所示。

d. 实验物系浓度要求：15%～25%，浓度分析使用阿贝折光仪，折光指数与溶液浓度的关系如表 5-15 所示。

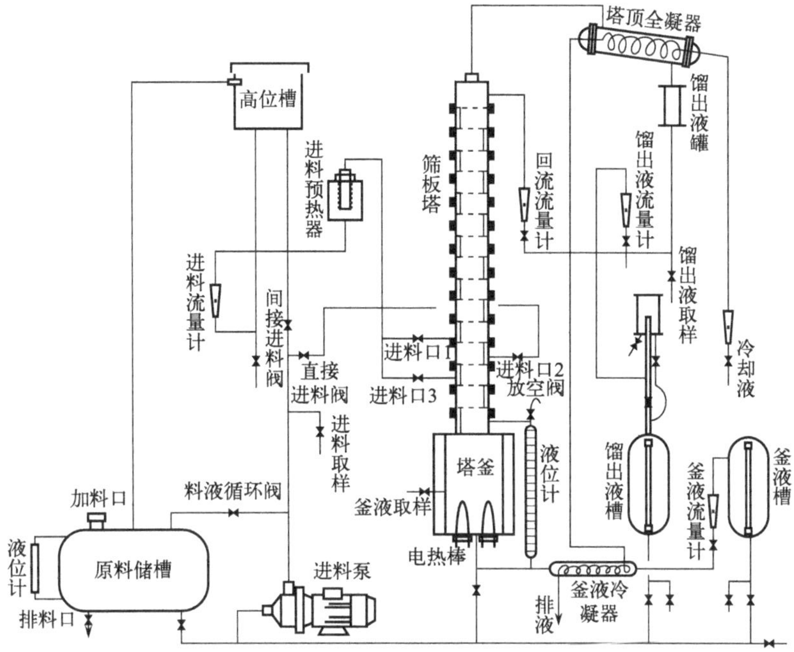

图 5-17 精馏实验装置流程图

表 5-14 乙醇-正丙醇 t-x-y 关系

t	97.60	93.85	92.66	91.60	88.32	86.25	84.98	84.13	83.06	80.50	78.38
x	0	0.126	0.188	0.210	0.358	0.461	0.546	0.600	0.663	0.884	1.0
y	0	0.240	0.318	0.349	0.550	0.650	0.711	0.760	0.799	0.914	1.0

注：以乙醇摩尔分数表示，x 为液相，y 为气相。

表 5-15 温度-折光指数-液相组成之间的关系

温度/℃	0	0.05052	0.09985	0.1974	0.2950	0.3977	0.4970	0.5990
25	1.3827	1.3815	1.3797	1.3770	1.3750	1.3730	1.3750	1.3680
30	1.3809	1.3796	1.3784	1.3759	1.3755	1.3712	1.3690	1.3650
35	1.3790	1.3775	1.3762	1.3740	1.3719	1.3692	1.3670	1.3650
温度/℃	0.6445	0.7101	0.7983	0.8442	0.9064	0.9509	1.000	
25	1.3607	1.3658	1.3640	1.3628	1.3618	1.3606	1.3589	
30	1.3657	1.3640	1.3620	1.3607	1.3593	1.3584	1.3574	
35	1.3634	1.3620	1.3600	1.3590	1.3573	1.3653	1.3551	

30℃下质量分数与阿贝折光仪读数之间关系也可按下列回归式计算：

$$W = 58.844116 - 42.61325 \times n_D \tag{5-61}$$

式中，W 为乙醇的质量分数；n_D 为折光仪读数（折光指数）。

通过质量分数求出摩尔分数（x_A）。

$$x_A=\frac{\dfrac{W_A}{M_A}}{\dfrac{W_A}{M_A}+\dfrac{1-W_A}{M_B}} \tag{5-62}$$

式中，乙醇分子量 $M_A=46$；正丙醇分子量 $M_B=60$。

（5）实验方法及步骤

① 实验前检查准备工作。

a. 将与阿贝折光仪配套使用的超级恒温水浴调整运行到所需的温度（30℃），将取样用容器、注射器、镜头纸准备好。

b. 将前一次实验时留存在塔釜、塔顶、塔底产品接受器内的料液倒回原料液储罐中循环使用，液位应达到液位计 1/2 以上，否则应补充料液（质量浓度 20%左右的乙醇-正丙醇混合液）。

c. 接通电源，打开仪表，检查所有阀门应处于关闭状态，做好实验准备。

d. 开启加料泵，利用直接进料阀，并选择一加料口向塔内加料至液位高度 45°左右，加料时应打开塔釜放空阀，加完关闭所有阀。

② 全回流操作。

a. 全开进冷凝器的冷却水开关，用自来水龙头调节流量（100L/h 即可）。

b. 打开塔釜加热开关，控制加热电压不超过 100V，实验中，根据实际情况，可适当增减加热电压。

c. 加热过程中注意观察塔内及塔顶变化，待塔顶馏出液罐液位达到 2/3 时，开启回流流量计阀门，实现全回流。

d. 当各块塔板上鼓泡均匀后，保持加热釜电压不变，在全回流情况下稳定 20min 左右，其间要随时观察塔内传质情况直至操作稳定，记录进料温度、塔顶和塔底温度以及加热电压等各项数据，然后分别在塔顶、塔釜取样口用 30mL 三角瓶同时取样，通过阿贝折射仪分析样品浓度。

③ 部分回流操作。

a. 打开间接进料阀门和进料泵，调节转子流量计，以 2.0～3.0L/h 的流量向塔内加料，同时开启塔顶与塔底出料，调节回流比 $R=4$，馏出液收集在塔顶液回收罐中。

b. 待操作稳定后，观察塔板上传质状况，记下加热电压、塔顶和塔釜温度等有关数据。整个操作中维持进料流量计读数不变，分别在塔顶、塔釜和进料三处取样，用折光仪分析其浓度并记录下进塔原料液的温度。

④ 实验结束。

a. 取好实验数据并检查无误后可停止实验，此时关闭进料阀门和加热开关，关闭回流比调节器开关。

b. 停止加热后，待系统明显降温后，再关闭冷却水，将储槽液体倒回储液罐，关闭电源，结束实验。

⑤ 阿贝折射仪使用说明。

a. 每次测定之前须将进光棱镜的毛面，折射棱镜的抛光面及标准试样的抛光面，用无水酒精与乙醚（1∶1）的混合液和脱脂棉花轻擦干净，以免留有其他物质，影响成像清晰度和测量准确度。

b. 接通恒温水槽，把恒温器的温度调节到所需测量温度，待温度稳定10min后，即可测量。

c. 测量时，应使用样品清洗取样针头，利用针头将样品从棱镜组侧面小孔中加入，要求液层均匀，充满视场，无气泡。打开遮光板，合上反射镜，调节目镜视度，使十字线成像清晰，此时旋转手轮并在目镜视场中找到明暗分界线的位置，再旋转手轮使分界线不带任何彩色，微调手轮，使分界线位于十字线的中心，再适当转动聚光镜，此时目镜视场下方显示的示值即为被测液体的折射率。

(6) 实验注意事项

① 由于实验所用物系属易燃物品，所以实验中要特别注意安全，操作过程中避免洒落，以免发生危险。

② 本实验设备加热功率由仪表自动调节，注意控制加热升温要缓慢，以免发生爆沸(过冷沸腾)使釜液从塔顶冲出。若出现此现象应立即断电，重新操作。升温和正常操作过程中釜的电功率不能过大。

③ 开车时要先接通冷却水再向塔釜供热，停车时操作与之相反。

④ 检测浓度使用阿贝折光仪。读取折光指数时，一定要同时记录测量温度并按给定的折光指数-质量浓度-测量温度关系（表5-15）测定相关数据。

⑤ 为便于对全回流和部分回流的实验结果（塔顶产品质量）进行比较，应尽量使两组实验的加热电压及所用料液浓度相同或相近。

(7) 实验原始数据记录表格

实验原始数据记录见表5-16。

表5-16 精馏实验原始数据记录表

实际塔板数：15 实验物系：乙醇-正丙醇 折光仪分析温度：30℃					
折光指数 n	全回流 R：		部分回流 R： 进料温度：℃ 塔顶出料：L/h	进料量：L/h 塔底出料：L/h 回流：L/h	
	塔顶馏出液	塔釜液	塔顶流出液	塔釜液	进料液
1					
2					
3					

(8) 实验报告

① 计算 x_p 和 x_w，图解法求出全回流条件下的理论板数，计算全塔效率。

② 根据物系的 t-x-y 关系，确定部分回流条件下进料的泡点温度，求出进料的热状况参数 q，并根据 x_p 和 x_w 确定操作线，图解法或逐板计算法求出部分回流条件下的理论板数，计算全塔效率。

③ 比较全回流和部分回流条件下得到的实验结果，并进行讨论。

5.2.6 精馏综合实验

(1) 实验目的

① 熟悉板式精馏塔的结构、流程及各部件的结构作用。

② 了解精馏塔的正确操作，学会正确处理各种异常情况。

③ 用作图法确定精馏塔全回流和部分回流时理论板数，并计算出全塔效率。

④ 观察精馏塔内汽液两相的接触状态。

⑤ 了解我国古代酿酒技术背后的精馏原理。

（2）实验原理

精馏利用液体混合物中各组分挥发度的不同而达到分离目的。此项技术现已广泛应用于石油、化工、食品加工及其他领域。其主要目的是将混合液进行分离。我国早在夏商周时期已经掌握了以小麦为原料利用发酵、精馏等步骤酿酒的技术。在精馏塔中，在沸器或塔釜产生的蒸汽沿塔逐渐上升，来自塔顶冷凝器的回流液从塔顶逐渐下降，汽液两相在塔内实现多次接触，进行传质、传热过程，轻组分上升，重组分下降，使混合液达到一定程度地分离。如果离开某一块塔板（或某一段填料）的汽相和液相的组成达到平衡，则该板（或该段填料）称为一块理论板或一个理论级。然而，在实际操作的塔板上或一段填料层中，由于汽液两相接触时间有限，汽液相达不到平衡状态，即一块实际操作的塔板（或一段填料层）的分离效果常常达不到一块理论板或一个理论级的作用。要想达到一定的分离要求，实际操作的塔板数总要比所需的理论板数多，或所需的填料层高度比理论上的高。

在板式精馏塔中，完成一定分离任务所需的理论塔板数与实际塔板数之比定义为全塔效率（或总板效率），即

$$E_T=\frac{N_T-1}{N_P} \tag{5-63}$$

式中　E_T——全塔效率；

N_T——理论塔板数（不含釜）；

N_P——实际塔板数。

理论塔板数的求取有两种方法：逐板计算法和作图法。在全回流操作下，只要测定塔顶流出液组成 x_D 和塔釜组成 x_W，即可根据双组分物系的相平衡关系在 y-x 图上通过图解法求得理论塔板数 N_T，而塔内实际板数已知，根据式（5-63）可求得 E_T。

在部分回流条件下，理论板数 N_T 由已知的双组分物系平衡关系，通过实验测得塔顶产品组成 x_D、进料组成 x_F、回流比 R，进料温度 t_F 等得出精馏段操作线方程及 q 线方程，根据塔釜组成 x_W 确定提馏段操作线方程，利用图解法计算求得。

精馏技术根据液体混合物分离的难易、分离的纯度，又可分为一般的蒸馏、普通精馏及特殊精馏等，本实验将乙醇-水溶液置于筛板精馏塔中利用普通精馏技术对该混合物进行分离处理。

① 乙醇-水系统特征。由于乙醇-水系统属于非理性溶液，具有较大正偏差，最低恒沸点为 78.15℃，恒沸组成为 0.894（乙醇摩尔分数），因此利用普通精馏技术，精馏塔塔顶组成 x_D 不会超过 0.894，若要达到更大纯度需求，则需采用其他特殊精馏方法。此外，该体系为非理想体系，平衡曲线不能用相平衡方程来描述，只能用原平衡数据通过作图的方法来表示（图 5-18）。

② 全回流操作。全回流操作的特点有：塔与外界无物料流；操作线方程为 $y_n=x_n-1$；x_D-x_W 最大化，即理论板数最小化。全回流没有生产能力，在实际工业生产中应用于设备的开停车阶段，使系统运行尽快达到稳定。

全回流操作下确定理论板数只需要确定 x_D 和 x_W 数值，然后通过图解法就可以得到对应的理论板数（图 5-19）。

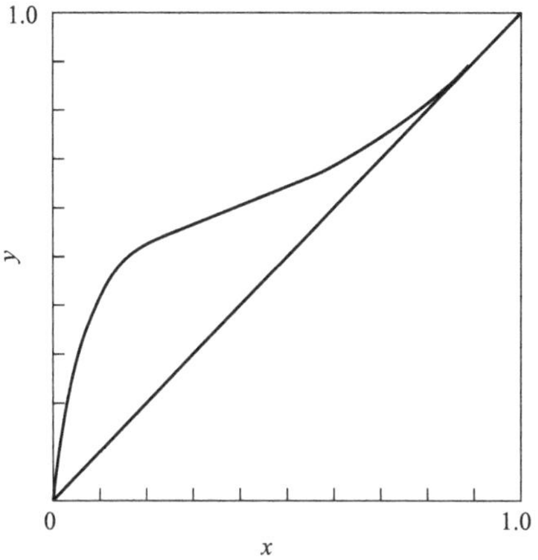

图 5-18 乙醇-水系统的 x-y 图

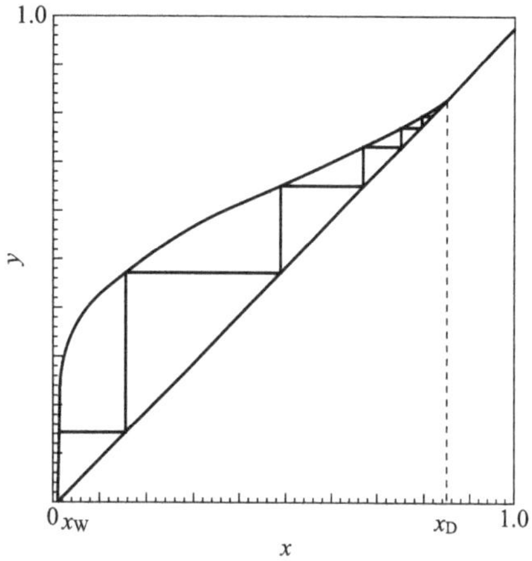

图 5-19 全回流时理论塔板数的确定

③ 部分回流操作。可以测出以下数据。

温度/℃：t_D、t_F、t_W。

组成/(mol/mol)：x_D、x_F、x_W。

流量/(L/h)：F、D、L（塔顶回流量）。

回流比 R：$R=L/D$。 (5-64)

精馏段操作线：$y=\dfrac{R}{R+1}x+\dfrac{x_D}{R+1}$。 (5-65)

进料热状况 q：根据 x_F 在 t-x-y 相图中可分别查出露点温度 t_V 和泡点温度 t_L。

$$q=\frac{I_V-I_F}{I_V-I_L}=\frac{\text{1kmol 原料变成饱和蒸汽所需的热量}}{\text{原料的摩尔汽化热}} \tag{5-66}$$

$$I_V=x_F I_A+(1-x_F)I_B=x_F[c_{p_A}(t_V-0)+r_A]+(1-x_F)[c_{p_B}(t_V-0)+r_B] \tag{5-67}$$

$$I_L=x_F I_A+(1-x_F)I_B=x_F[c_{p_A}(t_L-0)]+(1-x_F)[c_{p_B}(t_L-0)] \tag{5-68}$$

$$I_F=x_F I_A+(1-x_F)I_B=x_F[c_{p_A}(t_F-0)]+(1-x_F)[c_{p_B}(t_F-0)] \tag{5-69}$$

式中 c_{p_A}，c_{p_B}——乙醇和水在定性温度下的汽化潜热，kJ/(kg·K)；

r_A，r_B——乙醇和水在露点温度 t_V 下的汽化潜热，kJ/kg；

I_L——在组成 x_F、泡点 t_L 下，饱和液体的焓；

I_V——在组成 x_F、露点 t_V 下，饱和蒸汽的焓；

I_F——在组成 x_F、实际进料温度 t_F 下，原料实际的焓。

本次实验进料是在常温下（冷液）进料，$t_F<t_L$。

q 线方程：

$$y_q=\frac{q}{q-1}x_q-\frac{x_F}{q-1} \tag{5-70}$$

d 点坐标：根据精馏段操作线方程和 q 线方程可解得其交点坐标（x_d，y_d）。

提馏段操作线方程：

根据（x_W，y_W）、（x_d，y_d）两点坐标，利用两点式可求得提馏段操作线方程。

根据以上计算结果，作出相图。

根据作图法求算出部分回流下的理论板数 N_T（图 5-20）。

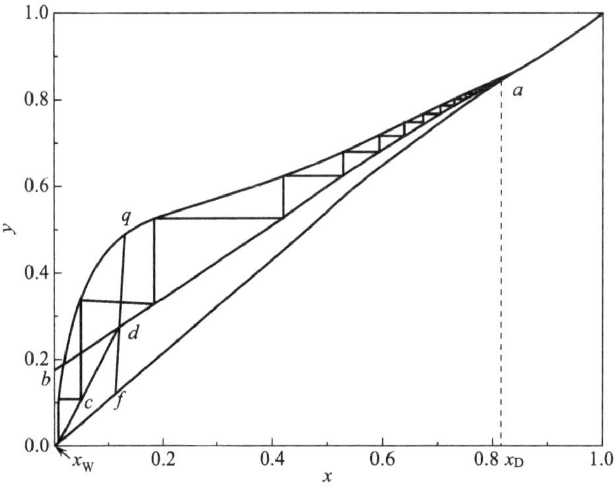

图 5-20　部分回流理论塔板数的确定

（3）实验装置与流程

① 实验装置。实验流程见图 5-21。

② 流程说明。

进料：进料泵（齿轮泵）从原料罐内抽出原料液，经流量计 FI05 后，进入塔内，可通过调节转速控制流量（0～160mL/min）。此外，齿轮泵用于塔釜液循环使用以及原料的搅拌。

塔顶出料：塔内蒸汽经塔顶冷凝器换热，蒸汽走壳程，蒸汽冷凝成液 FI02，进入产品罐。回流控制具有自动和手动两种模式。

塔釜出料：塔釜溢流液与塔釜热交换器换热后，进入塔釜残液罐。

冷却水：冷却水流出一路经流量计 FI04 计量流入塔顶冷凝器换热，换热后流入地沟；一路经流量计 FI03 流入塔釜热交换器，进行换热，换热后排入地沟。

③ 设备仪表参数。

精馏塔：塔内径 D=68mm，塔内采用筛板及圆形降液管，共有 15 块板。

塔板：筛板上孔径 d=3.0mm，筛孔数 N=50 个，开孔率 9.73%。

流量计测量范围：FI05 为 16～160mL/min，FI01 为 16～160mL/min，FI02 为 4～40mL/min，FI04 为 1～18mL/min；FI03 为 16～160L/h。

总加热功率：3×1.5kW。

压力传感器：0～10kPa。

温度传感器：Pt100。

（4）实验步骤

① 准备阶段。

a. 检查装置阀门，所有阀门均处于关闭状态。

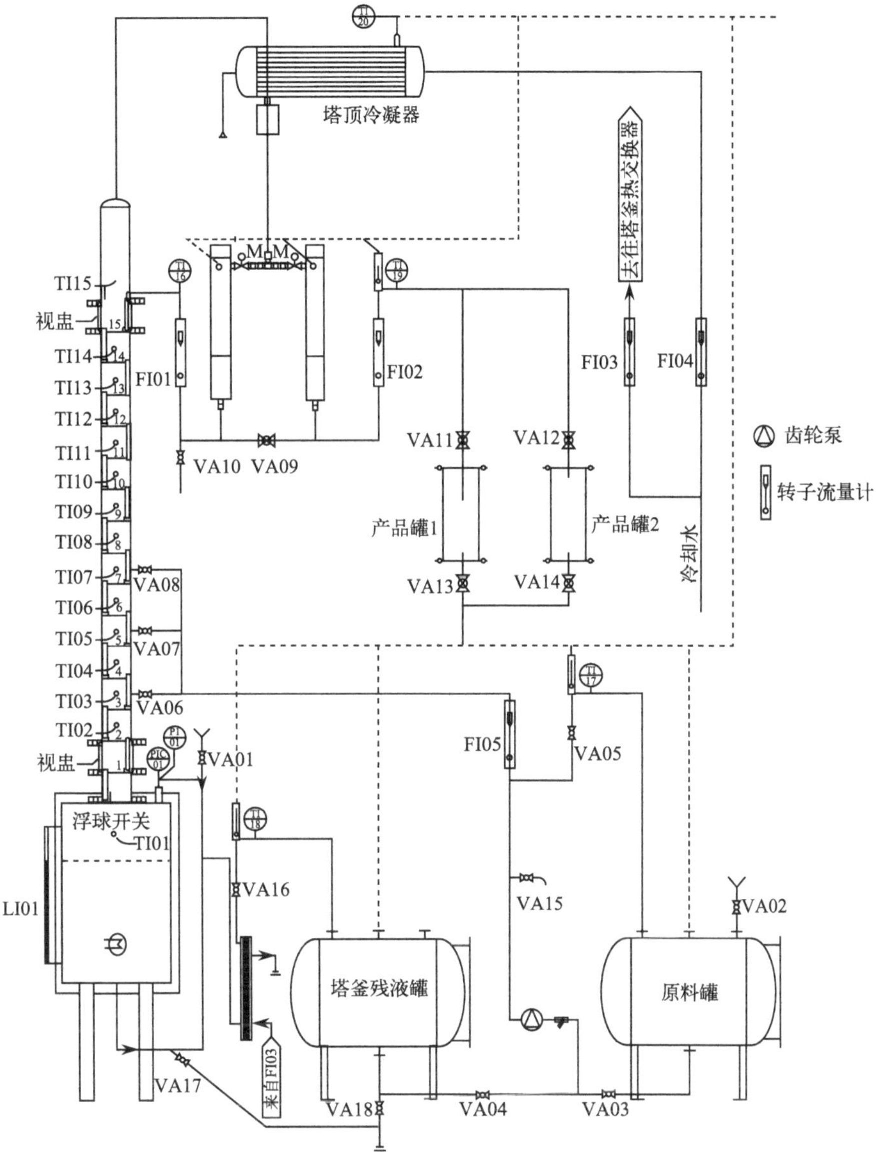

图 5-21 精馏综合实验流程图

VA01—塔釜再沸器加料阀；VA02—原料罐加料阀；VA03—原料罐底部出料阀；VA04—塔釜残液罐底部出料阀；VA05—循环混料阀；VA06—低组分进料阀；VA07 中组分进料阀；VA08—高组分进料阀；VA09—手/自动切换阀；VA10—回流取样阀；VA11—产品罐 1 进料阀；VA12—产品罐 2 进料阀；VA13—产品罐 1 放净阀；VA14—产品罐 2 放净阀；VA15—原料取样阀；VA16—再沸器放净/取样阀；VA17—塔釜放净阀；VA18—塔釜残液罐放净阀；TI01—塔釜再沸器温度；TI02～TI14—筛板塔塔板温度；TI15—塔顶放空温度；TI16—回流温度；TI17—原料液温度；TI18—塔釜残液温度；TI19—产品温度；TI20—尾气温度；PIC01—塔釜再沸器压力控制；PI01—塔釜再沸器压力显示；FI01—产品回流流量计；FI02—产品采出流量计；FI03—塔釜残液冷却水流量计；FI04—塔顶冷凝器冷却水流量计；FI05—原料液进料流量计

b. 打开控制柜面板上“总电源”旋钮，检查触摸屏上压力、液位、温度和流量显示数值显示是否正常（若不正常，关闭总电源，重启系统），检查产品罐内是否放净。

c. 查看塔釜液位，若塔釜液位低于 250mm，则打开阀 VA01，向釜内加入清水（也可以将约 5%的乙醇水溶液直接加入釜中，这样可以减少全回流稳定时间），直至塔釜液位不发生变化为止。

d. 设定塔釜压力 1.0kPa，点击“开始”按钮，进行塔釜加热。

e. 打开阀 VA02、VA03 和 VA05，向原料罐中加入 3L 水和 1L 乙醇溶液，关闭阀 VA02，启动齿轮泵，对溶液进行循环搅拌，约 5min 后，关闭阀 VA05，打开取样阀 VA15，取样，对原料液实际浓度进行测量。

② 全回流操作。

a. 当塔釜温度 TI01＞85℃时，打开冷却水，控制 FI04 的流量为 11L/min；FI03 流量为 60L/h。

b. 打开 FI01、FI02 流量计，当回流流量计 FI01 有稳定流量时，观察塔板温度 TI07，若大于 85℃，则向塔内进料。

c. 在触摸屏点击“进料泵启动”按钮，设定齿轮泵流量为 80mL/min，调整 FI05 流量为 80mL/min，打开进料阀 VA08，可观察到 TI07 温度逐渐下降，当温度接近 85℃时，可逐渐减小进料量，控制 TI07 温度在 80～85℃之间；若小于 80℃，则说明塔内乙醇含量较高，需要采出。操作如下：点击触摸屏回流比控制器“启动”，回流比设定为 4，可观察到 TI07 温度逐渐上升，当温度接近 82℃时，点击触摸屏回流比控制器“停止”，使得 TI07 温度在 80～85℃之间。

③ 部分回流。

a. 当全回流操作稳定后，点击触摸屏回流比控制器“启动”，设定回流比 R（建议 R 为 4、8）(手动模式下，打开 VA09 手/自动切换阀，按回流比调整 FI01 和 FI02 流量）。

b. 点击触摸屏上“进料泵启动”按钮，在弹出窗口中输入设定进料泵流量为 120mL/min，调整 FI05 流量约 120mL/min。流量设定大小以 TI07 的温度为参照，当温度低于 80℃时，应逐渐减小进料泵流量，当高于 85℃时，应增大进料泵流量。

c. 当精馏塔状态稳定后，需要对塔顶产品采样时，缓慢打开阀 VA10 取样，对塔釜产品取样需要打开阀 VA16。

d. 记录进料流量、采出流量、回流流量以及塔釜到塔顶的温度。

④ 停止。

a. 实验完毕，关闭进料泵，设定回流比控制器 $R=2$，当 TI15＞85℃时，关闭回流比控制器，点击塔釜加热“停止”。

b. 当 TI15＜75℃时，关闭冷水机，关闭总开关。若装置长时间不用，应放净装置内的水。

（5）实验数据记录与处理

记录有关实验数据于表 5-17 和表 5-18 中，用作图法求得理论塔板数。

（6）注意事项

① 严禁塔釜干烧。每组实验前应观察蒸汽发生器内的水位，水位过低或无水，电加热会烧坏。因为电加热是湿式，必须在塔釜有足够液体时（必须掩埋住电加热管）才能启动电加热，否则，会烧坏电加热。

表 5-17 塔顶产品、进料液、塔釜产品实验数据

回流比 $R=L/D=$			
指标	进料液 F	塔顶产品 D	塔釜产品 W
流量/(mL/min)			
乙醇质量分数/%			

表 5-18 塔釜和塔板温度数据

塔板	塔釜 TI01	第 2 块 TI02	第 3 块 TI03	第 4 块 TI04	第 5 块 TI05
温度/℃					
塔板	第 6 块 TI06	第 7 块 TI07	第 8 块 TI08	第 9 块 TI09	第 10 块 TI10
温度/℃					
塔板	第 11 块 TI11	第 12 块 TI12	第 12 块 TI12	第 14 块 TI14	第 15 块 TI15
温度/℃					

② 严禁无人看守塔釜放料操作。塔釜出料操作时，应紧密观察塔釜液位，防止液位过高或过低。

③ 在冬季室内温度达到冰点时，设备内严禁存水。长期不用时，应将设备内水放净。

④ 严禁不经过同意打开电柜，以免发生触电。

(7) 思考题

① 要保证精馏塔操作稳定，必须从哪几个方面考虑?

② 进料热状况、进料位置和进料组成对理论塔板数有无影响? 为什么?

③ 精馏塔在操作过程中，由于塔顶采出率太高而造成产品不合格，恢复正常的最快、最有效的方法是什么?

④ 在本实验中，进料热状况为冷态进料，当进料量太大时，为什么会出现精馏段干板，甚至出现塔顶既没有回流又没有出料的现象? 应如何调节?

5.2.7 液-液萃取实验

(1) 实验目的

① 熟悉转盘式萃取塔的结构、流程及各部件的结构作用。

② 了解萃取塔的正确操作。

③ 测定转速对分离提纯效果的影响。

(2) 实验原理

① 液-液萃取基本原理。萃取常用于分离提纯液-液溶液或乳浊液，特别是植物浸提液的纯化。虽然蒸馏也是分离液-液体系，但和萃取的原理是完全不同的。萃取原理非常类似于吸收，技术原理均是根据溶质在两相中溶解度的不同进行分离操作的，都是相间传质过程。吸收剂、萃取剂都可以回收再利用。但与吸收不同的是，萃取两相密度小，界面张力差也不大，需通过搅拌、脉动、振动等外加能量；吸收中两相密度差别大，只需逆流接触而无需外能。另外萃取分散的两相分层分离的能力也不高，需足够大的分层空间。

萃取是重要的食品加工单元过程。学术研究主要在萃取剂的合成与选取、萃取过程的强化等课题。为了获得高的萃取效率，无论对萃取设备的设计还是操作，工程技术人员必须对工程有全面深刻的了解和行之有效的方法。本实验可以实现这方面的训练。实验是通过用水对白油中的苯甲酸萃取进行的验证性实验。

② 萃取塔结构特征。需要适度的外加能量；需要足够大的分层空间。

③ 分散相的选择。

a. 体积流量大者作为分散相（本实验中油体积流量大）。

b. 不易润湿的作为分散相（本实验中油不易润湿）。

c. 界面张力理论，正系统 $\mathrm{d}\partial/\mathrm{d}x>0$ 作为分散相。

d. 黏度大的、含放射性的、成本高的选为分散相。

e. 从安全考虑，易燃易爆的作为分散相。

④ 外加能量对萃取的影响。

有利影响：增加液液传质表面积；增加液液界面的湍动提高界面传质系数。

不利影响：返混增加，传质推动力下降；液滴太小，内循环消失，传质系数下降；外加能量过大，容易产生液泛，通量下降。

⑤ 液泛。

定义：当两相流速高达某一极限值时，一相将被另一相夹带而倒流，设备的正常操作遭到破坏的现象。

因素：外加能量过大，液滴过多太小，造成液滴浮不上去；连续相流量过大或分散相过小也可能导致分散相上升速度为零；另外和系统的物性等也有关。

⑥ 传质单元法计算传质单元数。塔式萃取设备，器计算和汽液传质设备一样，即要求确定塔径和塔高两个基本尺寸。塔径的尺寸取决于两夜相的流量及适宜的操作速度，从而确定设备的产能；而塔高的尺寸则取决于分离浓度要求及分离的难易程度。本实验装置是属于塔式微分设备，其计算采用传质单元法，计算萃取段有效高度的方法与吸收操作中填料层高度的计算方法相似。

假设：

B 和 S 完全不互溶，浓度 X 用质量比计算比较方便。

溶质组成较稀时，体积传质系数 $K_{x}a$ 在整个萃取段为常数。

$$h=\frac{B}{K_{x}a\Omega}\int_{X_R}^{X_F}\frac{\mathrm{d}X}{X-X^*}h=H_{OR}N_{OR} \tag{5-71}$$

式中 h——萃取段有效高度，m，本实验为 0.65m；

H_{OR}——传质单元高度，m；

B——料液或萃余项中稀释剂的流量，kg/s；

Ω——塔的截面积，m^2；

N_{OR}——传质单元数。

传质单元数 N_{OR}，在平衡线和操作线均可看作直线的情况下，其计算方法仍可采用平均推动力法进行计算，计算分解示意图如图 5-22 所示。

其计算式为

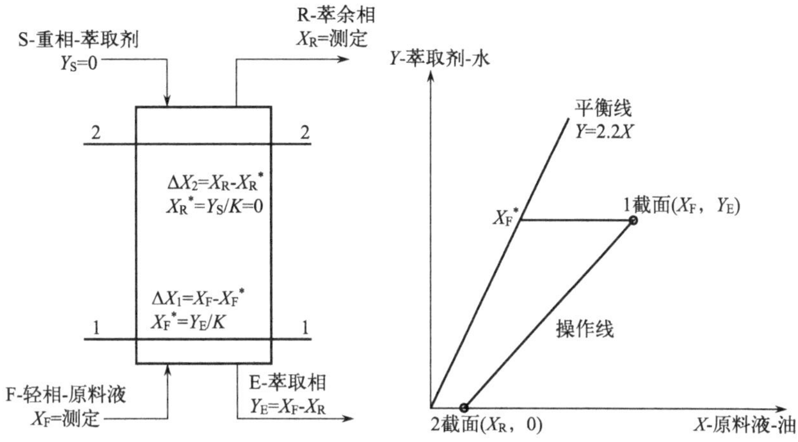

图 5-22　平衡线和操作线分解示意图

$$N_{OR}=\frac{\Delta X}{\Delta X_m}=\frac{X_F-X_R}{\dfrac{\Delta X_1-\Delta X_2}{\ln\dfrac{\Delta X_1}{\Delta X_2}}} \tag{5-72}$$

式中，$\Delta X_1=X_F-X_F^*$；$\Delta X_2=X_R-X_R^*$；X_F、X_R 可以实际测得。而平衡组成 X^* 可根据分配曲线计算：

$$X_R^*=\frac{Y_S}{K}=\frac{0}{K}=0$$

$$X_F^*=\frac{Y_E}{K} \tag{5-73}$$

式中，Y_E 为出塔萃取相中的质量比组成，可以实验测得或根据物料衡算得到。

根据以上计算，可获得其在该实验条件下的实际传质单元高度。然后，可以通过改变实验条件进行不同条件下的传质单元高度计算，以比较其影响。

为以上计算过程更清晰，需要说明以下几个问题。

a. 物料流计算。根据全塔物料衡算

$$F+S=R+E \tag{5-74}$$

$$FX_F+SY_S=RX_R+EY_E \tag{5-75}$$

本实验中，为了让原料液 F 和萃取剂 S 在整个塔内维持在两相区（三角形相图中的合点 M 维持在两相区），也为了计算和操作更加直观方便，取 $F=S$。又由于整个溶质含量非常低，因此得到 $F=S=R=E$。

$$X_F+Y_S=X_R+Y_E \tag{5-76}$$

本实验中 $Y_S=0$，得

$$X_F=X_R+Y_E \tag{5-77}$$

$$Y_E=X_F-X_R \tag{5-78}$$

只要测得原料白油的 X_F 和萃余相油中 X_R 的组成，即可根据物料衡算计算出萃取相的组成 Y_E。

b. 转子流量计校正。本实验中用到的转子流量计是以水在 20℃、101kPa 下进行标定的，本实验的条件也是在接近常温和常压下（20℃、101kPa 下）进行的，因此由于温度和压力对不可压缩流体密度的影响很微小而刻度校正可忽略。但如果用于测量白油，因其与水在同等条件下密度相差很大，则必须进行刻度校正，否则会给实验结果带来很大的误差。

根据转子流量计校正公式：

$$\frac{q_1}{q_0}=\sqrt{\frac{\rho_0(\rho_f-\rho_1)}{\rho_1(\rho_f-\rho_0)}}=\sqrt{\frac{1000(7920-800)}{800(7920-1000)}}=1.134 \tag{5-79}$$

式中 q_1——实际体积流量，L/h；

q_0——刻度读数流量，L/h；

ρ_1——实际油密度，800kg/m^3；

ρ_0——标定水密度，1000kg/m^3；

ρ_f——不锈钢金属转子密度，7920kg/m^3。

本实验测定，以水流量为基准，转子流量计读数取 $q_S=10$L/h，则

$$S=q_S\rho_{水}=10/1000\times1000=10\text{kg/h}$$

由于 $F=S$，有 $F=10$kg/h，则

$$q_F=F/\rho=10/800\times1000=12.5\text{L/h}$$

根据推导计算出的转子流量计校正公式，实际油流量 $q_1=q_F=12.5$L/h，则刻度读数值应为

$$q_0=q_1/1.134=12.5/1.134=11\text{L/h}$$

即在本实验中，若使萃取剂水流量 $q_S=10$L/h，则必须保持原料油转子流量计读数 $q_0=11$L/h，才能保证 F 与 S 的质量流量一致。

c. 物质的量浓度 c 的测定。取原料油（或萃余相油）25mL，以酚酞为指示剂，用配制好的浓度约 0.1mol/L NaOH 标准溶液进行滴定，测出 NaOH 标准溶液用量 V_{NaOH}，则有

$$c_F=\frac{\frac{V_{NaOH}}{1000}/c_{NaOH}}{0.025} \tag{5-80}$$

同理可测出 c_R。

d. 物质的量浓度 c 与质量比浓度 $X(Y)$ 的换算。质量比浓度 $X(Y)$ 与质量浓度 $x(y)$ 的区别：

$$X=溶质质量/溶剂质量\quad x=溶质质量/(溶质质量+溶剂质量)$$

本实验因为溶质含量很低，且以溶剂不损耗为计算基准更科学，因此采用质量比浓度 X 而不用 x。

$$X_R=c_RM_A/\rho_{白油}=c_R122/800$$

$$X_F=c_FM_A/\rho_{白油}=c_F122/800$$

$$Y_E=X_F-X_R \tag{5-81}$$

e. 萃取率计算。

$$\eta=\frac{X_F-X_R}{X_F} \tag{5-82}$$

（3）实验装置与流程

① 实验装置。实验流程如图 5-23 所示。

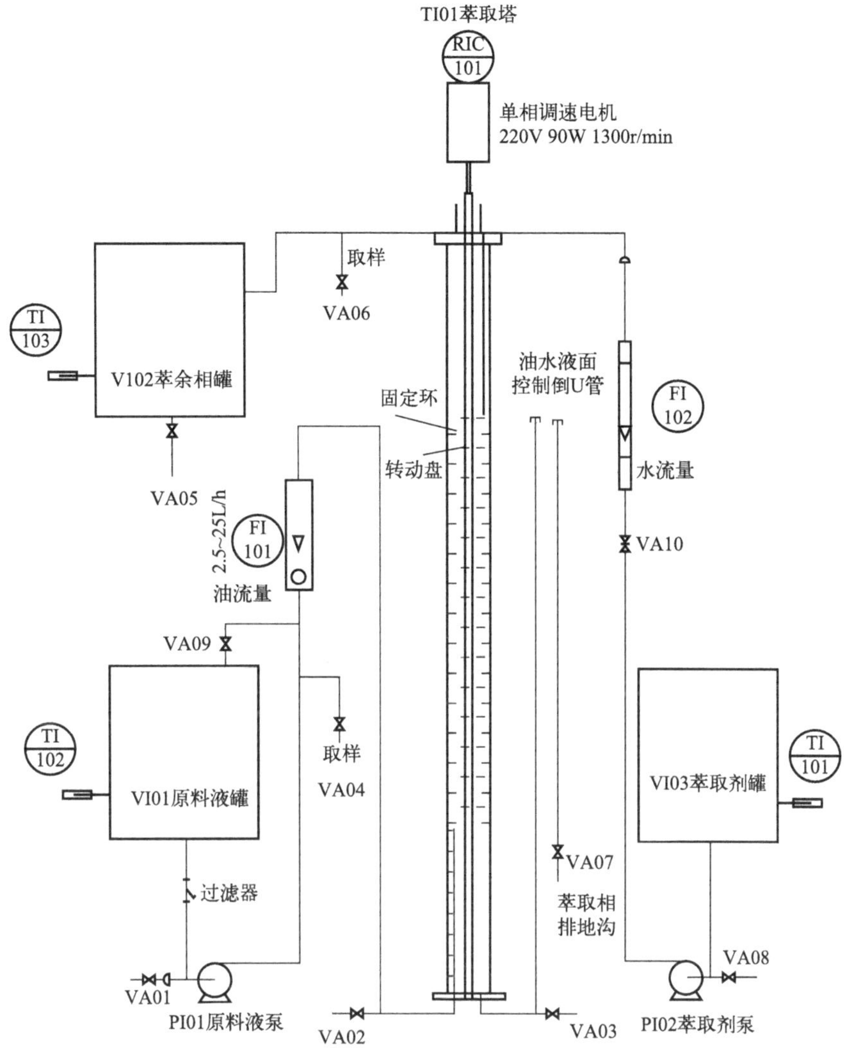

图 5-23　液-液萃取实验流程图

② 流程说明。萃取剂和原料液分别加入萃取剂罐和原料液罐，经磁力泵输送至萃取塔中，电机驱动萃取塔内转动盘转动进行萃取实验，电机转速可调，油相从上法兰出溢流至萃余相罐，实验中，从取样阀 VA06 取萃余相样品进行分析，从取样阀 VA04 取原料液样品进行分析。萃取剂和原料液走向如下。

萃取剂：萃取剂罐—水泵—流量计—塔上部进—塔下部出—油水液面控制管—地沟。

原料液：原料液罐—油泵—流量计—塔下部进—塔上部出—萃余相罐—原料液罐。

③ 设备参数。塔内径 D=84mm，塔总高 H=1300mm，有效高度 650mm；塔内采用环形固定环 14 个和圆形转盘 12 个（顺序从上到下 1，2，…，12），盘间距 50mm。塔顶塔底分离空间均为 250mm。

循环泵：15W 磁力循环泵。

原料液罐、萃取剂罐、萃余相罐：φ290mm×400mm，约 25L，不锈钢槽 3 个。

调速电机：100W，0～1300r/min 无级调速。

流量计：量程 2.5～25L/h。

（4）实验步骤

① 准备阶段。

a. 灌塔 TI01：在萃取剂罐 VI03 中倒入蒸馏水，打开水泵 PI02，打开进塔水流量计 FI102 向塔内灌水，塔内水上升到上面第一个固定盘与法兰约中间位置即可，关闭进水阀。

b. 配原料液：在原料液罐中先加白油至 3/4 处，再加苯甲酸配制约 0.01mol/L 的原料液（配比为每 1L 白油需要 1.22g 苯甲酸），此时可分析出大致原料浓度，后续可通过酸碱滴定分析原料液较准确的苯甲酸浓度。注意苯甲酸要提前溶解在白油中，搅拌溶解后再加入原料液罐，防止未溶解的苯甲酸堵塞原料液罐罐底过滤器。1%酚酞乙醇溶液的配制：称取 1g 的酚酞，用无水乙醇溶解并稀释至 100mL。0.1mol/L 氢氧化钠溶液的配制：称取 1g 氢氧化钠溶于 25mL 的无水乙醇中，后定容至 250mL。

c. 开启原料液泵 PI01、调节阀 VA09，试图排出管内气体，使原料能顺利进入塔内，然后半开 VA09。

d. 开启转盘电机，建议转速在 200r/min 左右（具体转速可由用户根据实际情况确定）。

② 实验阶段。

a. 保持一定转速，开启水阀 VA10，调节 VA10 至 FI102 为一定值（如 10L/h），再开启进料阀至 FI101 显示一定值（如 11L/h）并维持。转子流量计使用过程中有流量指示逐渐减小情况，注意观察流量，及时手动调节至目标流量。

b. 调节油水分界面调节阀 VA07，使阀门全开，观察塔顶-油-水分界面，并维持分界面在第一个固定盘与法兰约中心位置，最后水流量也应该稳定在进水口相同流量的状态。油水分界面应在第一个固定盘上玻璃管段约中间位置，可微调 VA07，维持界面位置，界面的偏移对实验结果没有影响。

c. 一定时间后（稳定时间约 10min），取原料液与萃余相（产品白油）25mL 样品进行分析。本实验替代时间的计算：设分界面在第一个固定盘与法兰中间位置，则油的塔内存储体积是 $(0.084/2)^2 \times 3.14 \times 0.125 = 0.7$L，流量按 11L/h，替换时间为 $0.7/11 \times 60 = 3.8$min。根据稳定时间＝3×替代时间设计，因此稳定时间约为 10min。

d. 改变转速 400r/min、600r/min（建议值）等，重复以上操作，并记录下相应的转速与出口组成分析数据。

③ 观察液泛。

将转速调到 1000r/min，外加能量过大，观察塔内现象。油与水乳化强烈，油滴微小，使油浮力下降，油水分层程度降低，整个塔绝大部分处于乳化状态。此为塔的不正常状态，应避免。

④ 停止。

a. 实验完毕，关闭进料阀 FI101，关闭原料液泵 PI01，关闭调速电机，关闭流量计阀门，关闭水泵。

b. 整理萃余相罐 VI02、原料液罐 VI01 中料液，以备下次实验用。

（5）实验数据记录与处理

① 实验数据的计算过程。按萃取相计算传质单元数 N_{OE} 的计算公式为

$$N_{OE}=\int_{Y_E}^{Y_S}\frac{dY}{Y-Y^*} \tag{5-83}$$

式中 Y_S——苯甲酸在进入塔顶的萃取相中的组成，kg 苯甲酸/kg 水，本实验 $Y_S=0$；

Y_E——苯甲酸在离开塔底萃取相中的组成，kg 苯甲酸/kg 水；

Y——苯甲酸在塔内某一高度处萃取相中的组成，kg 苯甲酸/kg 水；

Y^*——与苯甲酸在塔内某一高度处萃取相组成 XR 平衡的萃取相中的组成，kg 苯甲酸/kg 水。

② 记录有关实验数据，完成表 5-19 和表 5-20。

油相流速：________；水相流速________；温度：________；取样体积：<u>25mL</u>；c_{NaOH}：<u>0.100mol/L</u>。

表 5-19 浓度测定计算表

序号	转速/(r/min)	原料液 F				萃余相 R			
		初	终	用量	c_F	初	终	用量	c_R
1									
2									
3									

表 5-20 数据结果汇总表

序号	转速/(r/min)	Y_S	Y_E	Y^*	N_{OE}	H_{OE}
1						
2						
3						

（6）注意事项

① 在启动加料泵之前，必须保证原料罐内有原料液，长期使磁力泵空转会使磁力泵温度升高而破坏磁力泵。第一次运行磁力泵，须排除磁力泵内空气。若不进料时应及时关闭进料泵。

② 严禁学生打开电柜，以免发生触电。

③ 塔釜出料操作时，应紧闭观察塔顶分界面，防止分界面过高或过低。严禁无人看守塔釜放料操作。

④ 在冬季室内温度达到冰点时，设备内严禁存水。

⑤ 长期不用时，一定要排净油泵内的白油，泵内密封材料因为是橡胶类，被有机溶剂类（白油）长期浸泡会发生慢性溶解和浸胀，导致密封不严而发生泄露。

（7）思考题

① 在萃取过程中选择连续相、分散相的原则是什么？

② 转盘式旋转萃取塔有什么特点？

③ 萃取过程对哪些体系最好？

5.3 颗粒分离综合实验

5.3.1 恒压过滤常数测定实验

（1）实验目的

① 熟悉加压过滤及减压（真空）过滤实验装置的结构、基本原理和操作方法。

② 掌握恒压过滤常数 K、q_e、θ_e 的测定方法，加深对其概念和影响因素的理解。

③ 掌握滤饼的压缩性指数 s 和物料特性参数 k 的测定方法。

（2）基本原理

过滤是在外力（重力或压力差等）的作用下，使悬浮液中的液体通过某种多孔性过滤介质的孔道而固体颗粒被截流下来，从而实现固液分离的一种单元操作，在化工、轻工、食品、制药等许多生产领域应用非常广泛。在过滤过程中，由于固体颗粒不断地被截留在介质表面，滤饼厚度增加，使过滤阻力增加。因此，在恒压过滤操作中，其过滤速度不断降低。过滤速度 u 定义为单位时间内单位面积过滤介质的滤液量。影响过滤速度的主要因素除压强差 Δp，滤饼厚度 L 外，还有滤饼和悬浮液的性质、悬浮液温度、过滤介质的阻力等，故难以用流体力学的方法处理。但是，可利用流体通过固定床压降的简化模型，寻求滤液量与时间的关系，运用层流时哈根-泊谡叶公式不难推导出过滤速度计算式。

$$u=\frac{1}{K'}\frac{\varepsilon}{a^2(1-\varepsilon)^2}\frac{\Delta p}{\mu L} \tag{5-84}$$

式中 u——过滤速度，m/s；

K'——比例常数，又称康采尼常数，层流时为 5.0；

ε——床层的空隙率，m^2/m^3；

a——颗粒的比表面积，m^2/m^3；

Δp——过滤的压强差，Pa；

μ——滤液黏度，Pa · s；

L——床层厚度，m。

由此可导出过滤基本方程式，即

$$\frac{dV}{d\theta}=\frac{A^2\Delta p^{1-s}}{\mu r' v(V+V_e)} \tag{5-85}$$

式中 V——滤液体积，m^3；

θ——过滤时间，s；

s——滤饼压缩性指数，一般情况下 $s=0\sim1$，对不可压缩滤饼 $s=0$；

A——过滤面积，m^2；

r'——单位压差下的比阻，$r=r'\Delta p^s$，m^{-2}；

r——滤饼比阻，$r=\dfrac{5.0a^2(1-\varepsilon)^2}{\varepsilon^3}$，$m^{-2}$；

v——滤饼体积与相应的滤液体积之比；

V_e——虚拟滤液体积，m^3。

恒压过滤时，过滤常数 K 与物料性质及过滤压力差的关系为

$$K=2k\Delta p^{1-s} \tag{5-86}$$

$$k=\frac{1}{\mu r'v} \tag{5-87}$$

同时，令 $q=V/A$，$q_e=V_e/A$，对式（5-85）积分可得

$$(q+q_e)^2=K(\theta+\theta_e) \tag{5-88}$$

式中 q——单位过滤面积所获得的滤液体积，m^3/m^2；

q_e——单位过滤面积所获得的滤液体积，m^3/m^2；

θ——过滤时间，s；

θ_e——虚拟过滤时间，s；

K——过滤常数，料特性及过滤压差所决定，m^2/s。

① 过滤常数 K、q_e 及 θ_e 的测定方法将式（5-88）微分并整理可得式（5-89）：

$$\frac{d\theta}{dq}=\frac{2}{K}q+\frac{2}{K}q_e \tag{5-89}$$

在恒压条件下，测量一定时间对应的滤液体积，从而计算出一系列 $\Delta\theta$、Δq 和 q，并在直角坐标系中绘制 $\frac{d\theta}{dq}$-q 的函数关系，得一直线。由其斜率和截距便可求出 K、q_e，据 $\theta_e=q_e^2/K$，求出 θ_e。

$$\frac{\Delta\theta}{\Delta q}=\frac{2}{K}q+\frac{2}{K}q_e \tag{5-90}$$

② 压缩性指数 s 及物料特性常数 k 的测定。滤饼的压缩性指数 s 以及物料特性常数 k 的确定需要测定不同压力差下的过滤常数 K，然后对 K-Δp 数据加以处理，即可求得 s 和 k。改变实验所用的过滤压差 Δp，可测得不同的 K 值，由式（5-86）两边取对数得

$$\lg K=(1-s)\lg\Delta p+\lg(2k) \tag{5-91}$$

在实验压力差范围内，若 k 为常数，则 $\lg K\sim\lg\Delta p$ 的关系在直角坐标上应是一条直线，直线的斜率为（$1-s$），可得滤饼压缩性指数 s，由截距可得物料特性常数 k。

（3）实验装置

① 板框式过滤实验装置如图 5-24 所示，主要由滤浆槽、齿轮泵、计量桶、板框压滤机和压力表等组成。在滤浆槽内配制一定浓度的碳酸钙悬浮液，用电动力搅拌器搅拌均匀（料液不出现旋涡为宜）。利用齿轮泵将料液通过管路泵入板框压滤机进行过滤，滤液流入计量桶内称重。过滤完毕，将滤液、滤饼重新返回配料槽，保证料液浓度不变。进入计量桶的滤液管口应贴桶壁，否则液面波动影响读数。

② 真空吸滤实验装置如图 5-25 所示，主要由真空泵、原料槽、真空吸滤器、真空表、滤液计量桶等组成。原料槽内放有已配制具有一定浓度的碳酸钙悬浮液。用电动搅拌器进行搅拌使料液浓度均匀（料液不出现旋涡为宜），利用真空泵使系统产生真空进行吸滤，并在真空吸滤器上形成滤饼。滤液通过管路送入滤液计量桶内计量。过滤完毕，将滤液滤饼重新返回原料槽，保证料液浓度保持不变。进入滤液计量桶的滤液管口应贴桶壁，否则液面波动影响读数。

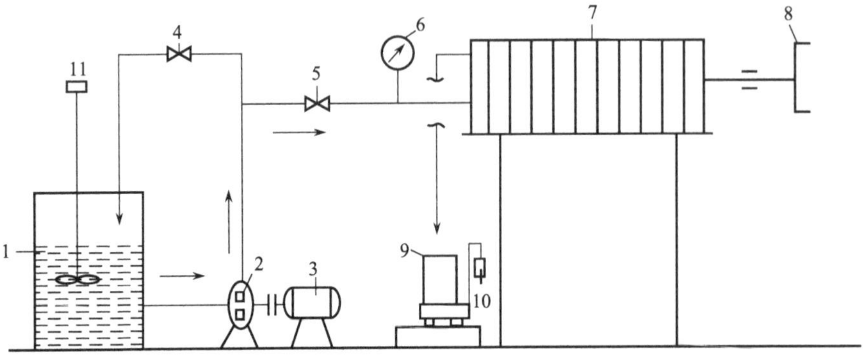

图 5-24　板框式过滤实验装置示意图

1—滤浆槽；2—齿轮泵；3—电动机；4—回流阀；5—进料阀；6—压力表；7—板框压滤机；8—压紧螺旋；9—计量筒；10—磅秤；11—电动搅拌器

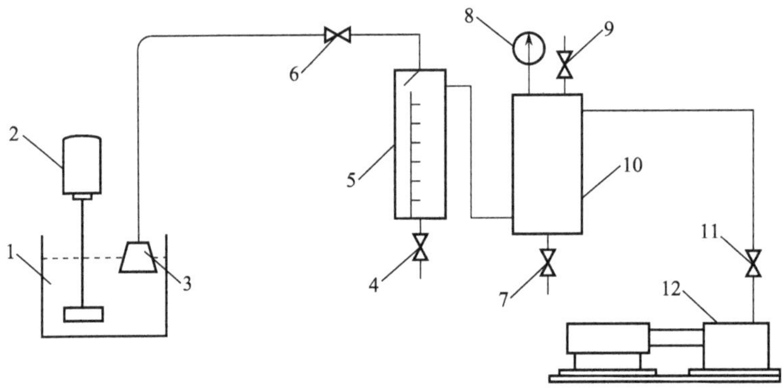

图 5-25　真空吸滤实验装置示意图

1—原料槽；2—电动搅拌器；3—真空吸滤器；4、7—放液阀；5—滤液计量桶；6—调节阀；8—真空表；9—进气阀；10—缓冲罐；11—开关阀；12—真空泵

（4）实验操作要点

① 恒压过滤常数测定实验步骤。

a. 熟悉实验装置流程。

b. 仪表上电：打开总电源空气开关，打开仪表电源开关。

c. 启动电动搅拌器，将滤浆槽内料液搅拌均匀。

d. 组装板框过滤机时，一定要注意滤板和滤框的排列顺序，即过滤板—框—洗涤板—框—过滤板，用压紧装置将板和框压紧。注意滤布使用前要用水浸湿。

e. 将计量桶内外清洗干净，并倒入一定量的清水，使磅秤有读数，并记录该数据，便确定测量基准。

f. 关闭进料阀、洗涤水阀，全开物料回流阀，启动齿轮泵，循环物料使其均匀。

g. 循环一定时间（如 5min）后，打开进料阀（注意不要开得太大），以回流阀和进料阀配合调节过滤压力（注意某些设备可直接采用压力调节阀进行压力调节），至压力为一稳定值（如 0.03MPa）。

h. 实验应在滤液刚从汇集管流出的时刻作为开始时刻，每次时间间隔相同，记录相应的滤液体积（或每次滤液体积相同，记录相应的过滤时间），实验中注意保持压力稳定。测量 8～10 组数据即可停止实验，全开回流阀，使压力表指示值下降，关闭过滤机进料阀，打开过滤机排气阀泄压，然后卸下滤饼，回收滤饼，清除滤布、滤框及滤板。

i. 重新调节压力至某一稳定值，重复上述操作。

j. 实验完毕后，要拆卸过滤器，清洗滤布、滤框、滤板等。关闭仪表电源及总电源关，一切复原。

② 真空吸滤实验操作。

a. 熟悉实验装置流程；启动电动搅拌器，将原料槽内料液搅拌均匀。正确安装吸滤器（滤布或布氏漏斗），放入原料槽中，注意料液要浸没吸滤器。

b. 打开进气阀 9，关闭吸滤器的调节阀 6，开启真空泵。

c. 待真空泵运转平稳后，打开调节阀 6，以进气阀 9 调节操作真空度，先使吸滤在较小的真空度下操作。

d. 过滤至一定体积，真空吸滤器上形成一层薄薄的滤饼后（此滤液体积应进行预实验测定，保证滤布上形成一层薄的滤饼，以便真正过滤时滤液不变浑浊），迅速调节进气阀 9 使真空表读数恒定于预定值，同时用秒表开始计时，记录一系列的过滤时间及对应的滤液量，记录 8～10 组数据，即可停止实验。实验过程中，注意保持操作真空度恒定。

e. 关闭调节阀 6，将进气阀 9 全部打开，待真空表读数降到零时，停真空泵。

f. 打开调节阀 6，利用系统内大气压力把吸附在吸滤器上的滤饼卸到槽内。放出计量桶内滤液并倒回原料槽内。卸下吸滤器清洗待用。

g. 改变操作真空度，重复上述实验。

h. 实验结束后，切断真空泵、电动搅拌器电源，清洗真空吸滤器并使设备复原。

（5）注意事项

① 板框过滤实验。

a. 安装滤板、滤框并用丝杆压紧时，应先慢慢转动手轮使板框合上，然后再压紧。

b. 要注意滤板、滤框的安装方向及顺序。

c. 操作压力不宜过大，否则容易损坏设备。

② 真空吸滤实验。

a. 放置过滤器时，确保其浸没在料液中且要垂直放置，防止气体吸入，破坏物料连续进入系统和避免在器内形成滤饼厚度不均匀的现象。

b. 开关玻璃旋塞时，一定要缓慢开启，不要用力过猛，切忌向外拔出，以免损坏。

c. 每次实验后应该把吸滤器清洗干净。

（6）数据处理与分析

a. 作不同压力差下的$\frac{d\theta}{dq}$对 q 关系图，求出 K、q_e、θ_e。

b. 在直角坐标上标绘 $\lg K$-$\lg\Delta p$ 的关系或在双对数坐标纸上标绘 K-Δp 关系，求出滤饼的压缩性指数 s 和物料特性常数 k。

c. 比较不同压力差下的 K、q_e、θ_e 值，讨论压力差变化对上述参数值的影响。

d. 写出完整的过滤方程式，弄清其中各参数的符号和意义。

5.3.2 旋风分离实验

（1）实验目的

① 演示含尘气体通过旋风分离器时，含尘气体、固体尘粒和气体的运动路线，给学生以直观生动的印象，引导学生从理论上对其进行解释，以达到正确理解和描述旋风分离器的工作原理的目的。

② 定性观察旋风分离器内静压强分布，认清出灰管和集尘室良好密封的必要性。

③ 测定进口气速对旋风分离器分离效果的影响，引导学生思考适宜操作气速的计算方法。

（2）实验原理

旋风分离器是利用惯性离心力的作用从气流中分离出固体尘粒的设备。图 5-26 为具有代表性的标准旋风分离器的结构。分离器上部为圆筒体，下部为圆锥形，各部位比例与圆筒直径成一定比例。含尘气体由圆筒上部的进气管切向进入，受器壁的约束由上向下作螺旋运动。在惯性离心力的作用下，颗粒被抛向器壁，再沿壁面落至锥底的出灰口而与气流分离，旋风分离器底部是封闭的，因此气流到达底部后反转方向，在中心轴附近由下而上作螺旋运动，净化后的气体最后由顶部排气管排出。

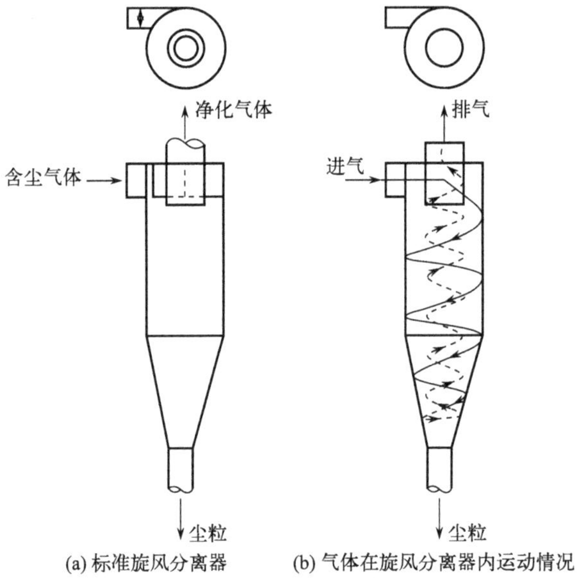

图 5-26　旋风分离器

（3）实验装置

实验装置如图 5-27 所示。

（4）实验操作要点

① 开启旋涡气泵。

② 调节气量，使气量较小。

③ 打开加料漏斗，使细小固体颗粒（洗衣粉等）缓缓加入。

④ 关闭加料漏斗。

⑤ 调大气体流量，使得固体颗粒呈现流化状态。

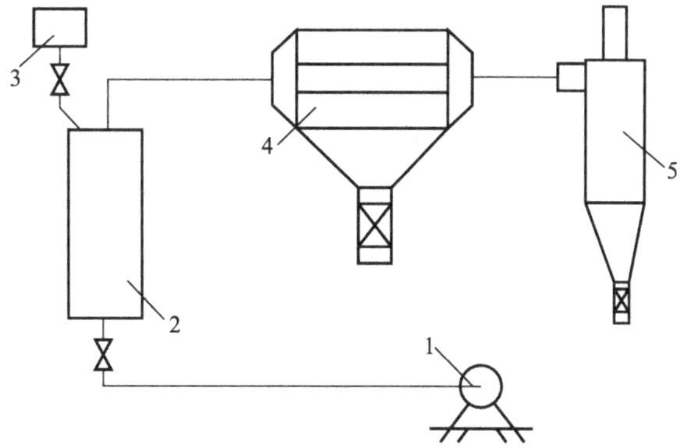

图 5-27 离心机流化床降尘室旋风分离流程

1—旋涡气泵；2—流化床；3—加料漏斗；4—降尘室；5—旋风分离器

⑥ 继续调大气体流量，使得固体细小颗粒进入降尘室。

⑦ 继续调大气体流量，使得细小颗粒灰尘进入旋风分离器。

⑧ 停止旋涡气泵。

⑨ 收集各级产品。

参考文献

[1] 杨涛．化工原理实验［M］．北京：化学工业出版社，2024.

[2] 邓文生，刘文芳，李弥异，等．化工原理实验［M］．北京：化学工业出版社，2022.

[3] 黄美英，梁克中．化工原理实验［M］．北京：化学工业出版社，2021.

[4] 邓秋林，卿大咏．化工原理实验［M］．北京：化学工业出版社，2020.

[5] 殷鹏辉．制药工程原理实验指导［M］．郑州：河南科学技术出版社，2017.

[6] 余传波，朱学军．化工原理实验［M］．北京：北京理工大学出版社，2017.

[7] 史贤林，张秋香，周文勇，等．化工原理实验［M］．上海：华东理工大学出版社，2015.

[8] 贾绍义，柴诚敬，张金利．化工原理及实验［M］．北京：高等教育出版社，2004.